通識
通智
通用

師北大通班

朱松純

朱松纯　主编

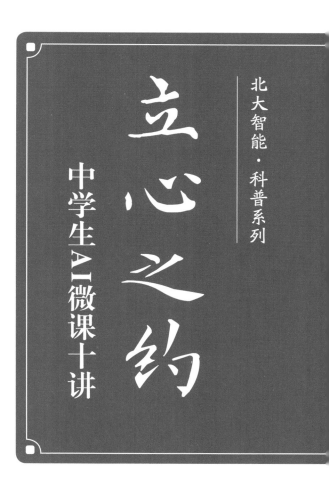

北大智能·科普系列

立心之约

中学生AI微课十讲

北京大学出版社
PEKING UNIVERSITY PRESS

图书在版编目(CIP)数据

立心之约：中学生 AI 微课十讲/朱松纯主编. ——北京：
北京大学出版社，2025.1. —— ISBN 978-7-301-35837-5

Ⅰ. TP18-49

中国国家版本馆 CIP 数据核字第 2024R5Y423 号

书　　　　名	立心之约——中学生 AI 微课十讲	
	LIXINZHIYUE——ZHONGXUESHENG AI WEIKE SHIJIANG	
著作责任者	朱松纯　主编	
责 任 编 辑	曾琬婷	
标 准 书 号	ISBN 978-7-301-35837-5	
出 版 发 行	北京大学出版社	
地　　　　址	北京市海淀区成府路 205 号　　100871	
网　　　　址	http://www.pup.cn　　　新浪微博: @ 北京大学出版社	
电 子 邮 箱	编辑部 lk1@pup.cn　　总编室 zpup@pup.cn	
电　　　　话	邮购部 010-62752015　　发行部 010-62750672　　编辑部 010-62754819	
印 　刷　 者	天津裕同印刷有限公司	
经 　销 　者	新华书店	
	720 毫米×1020 毫米　　16 开本　　18.5 印张　　274 千字	
	2025 年 1 月第 1 版　　2025 年 1 月第 1 次印刷	
定　　　　价	98.00 元	

内容简介

　　本书是关于人工智能（AI）的科普读物，主要介绍人工智能是什么、研究什么、如何进行探索研究，以及人工智能的现状、应用和发展趋势。全书分十个模块进行编写，内容包括：人工智能的现状、趋势与战略，机器眼中的大千世界——计算机视觉，语言与机器的火花碰撞——自然语言处理，认知科学与人工智能世界的邀约——认知推理，机器自我成长进步——机器学习，未来生活离不开的伙伴——智能机器人，机器世界不孤单——多智能体，机器生活的世界——物理世界仿真模拟，舞动科技的音符——音乐人工智能，人工智能在北大。本书侧重于面向中学生的人工智能启蒙教育，具有如下特色：讲述条理清楚、通俗易懂，例子丰富、典型且精彩，图文并茂。

　　本书可作为中学生人工智能课程的教材，也可作为人工智能爱好者的科普读物。

前　言

　　自有人类历史以来，每一次科学技术革命都对社会的进步和发展起到巨大的推动作用。从蒸汽机开启的工业时代，到发电机开启的电气时代，再到计算机开启的信息时代，无一例外地深刻改变和影响了世界经济与社会文明的进程。

　　人工智能作为第四次工业革命的颠覆性技术，新质生产力的典型代表，成为新一轮科技革命和产业变革的重要驱动力量。在其刚刚进入日常生活之时，就对社会产生了形形色色的影响，且影响已超越学术、产业领域，上升到政治与国家安全的层面。人工智能已成为大国竞争的关键领域。

　　科技的竞争就是人才的竞争。面对人工智能专业人才极度短缺、全民人工智能素养亟须提升的现状，全面推进人工智能教育成为重要的国家战略。2017年，国务院发布的《新一代人工智能发展规划》中明确提出，"实施全民智能教育项目，在中小学阶段设置人工智能相关课程"。近几年，党中央、国务院、各部委及地方政府，密集出台一系列推进我国人工智能教育的规划和举措。2024年李强总理所做的《政府工作报告》提出，深入推进数字经济创新发展，开展"人工智能＋"行动。为加快适应人工智能对各行各业更加深入的渗透，全面开展以素养提升为目标的人工智能科普教育变得尤为迫切。

　　鉴于上述背景，我们组织北京大学智能学院、北京大学人工智能研究院、北京大学王选计算机研究所、北京通用人工智能研究院等北京大学智能学科共建单位及延伸机构的近20位教授和研究员，一起策划、撰写了这一面向全国中学生的人工智能启蒙科普图书。在撰写之初，我们于2023年5月，就本书的主要内容进行了线上课程直播，首次直播收看量逾千万人次。直播课程得到观众的广泛好评，也得到教育部有关领导的肯定，并于 2024 年 5 月成功入选教育部国家智慧教育公共服务平台的"名师教 AI"专栏，这无疑成为我们写好本书的极大动力。

本书共分十讲，充分体现"为机器立心，为人文赋理"的理念。在内容设计上，一是注重准确启蒙。本书既对人工智能涉及的相关基本概念从人类进化、文明演进、现象观察、日常实例等入手，进行对照式的介绍，也对已有成就、前沿挑战、未来趋势等予以深入浅出的探讨。二是突出重点。从人工智能诸多方向中，将计算机视觉、自然语言处理、认知推理、机器学习、智能机器人、多智能体等六大人工智能核心领域作为主体内容着重介绍。三是兼顾研究实践和眼界拓展。智能体在真实世界的行为表现是其智能水平的最终体现，而在研究实践中往往首先在仿真世界中展开探索以减少额外因素的影响，为此引入对物理世界如何进行仿真模拟的介绍；同时，从拓展眼界的角度，探索人工智能在艺术领域的影响，引入音乐人工智能的内容，以加深对人工智能与各学科深度交融特点的认识。四是强化启迪效应。对书中主体内容均设有副标题，以启发读者对章节内容的直观认识；在各讲内容介绍中均有大量的设问，引导读者思考，以期形成对相关知识点循序渐进式的理解把握；在各讲最后均配有若干思考题，以期加深读者对相应知识点的理解并启发思考。五是以"人工智能在北大"为题，通过对北京大学在人工智能领域研究历程、创新进展、学科设置、战略布局等的介绍，再次梳理人工智能的现状和挑战，以期强化读者的兴趣并加深读者对人工智能战略学科地位的认识。

2024 年中央广播电视总台播出的《开学第一课》，全球首个通用智能体——小女孩"通通"亮相，和中小学生见面，为大家打开了一扇了解人工智能的窗口。本书将通过精心遴选、生动形象、深入浅出的内容，并配以录播课程讲解，为大家进一步了解人工智能提供帮助。同时，希望本书还能很好地帮助对人工智能感兴趣的学生及社会人士，以提升大家在人工智能方面的基本素养。

本书由朱松纯统筹规划，确定框架，十讲依次由朱松纯、刘腾宇、赵东岩、朱毅鑫、林宙辰、刘航欣、綦思源、陈宝权、许多、罗定生完成编写；全书在朱松纯的指导下由罗定生完成统稿。在本书编写过程中，北京大学智能学科共建单位及延伸机构多位老师提出了一些宝贵建议，并提供了许多帮助，尤其是吴玺宏、黄思远、郑子隆、范丽凤、梁一韬、李庆、杨耀东、王滨、金鑫等老师为各讲提供了一些素材。中国矿业大学雷小峰老师帮助整理了书稿文字。另外，责任编辑曾琬婷女士对本书内容的编排、表述做了许多精心修改，付出了辛勤的劳动。在此，一并表示衷心的感谢！

　　由于时间仓促，水平有限，本书难免存在不当或错漏之处，敬请读者朋友们不吝指正！

朱松纯

2024 年 9 月

目　录

朱 松 纯

世界知名计算机视觉专家、统计与应用数学家、人工智能专家，北京通用人工智能研究院院长，北京大学讲席教授，北京大学人工智能研究院、智能学院院长，清华大学基础科学讲席教授，第十四届全国政协委员。曾任职于美国布朗大学、斯坦福大学、加利福尼亚大学洛杉矶分校。在国际顶级期刊和会议上发表论文400余篇，获得计算机视觉、模式识别、认知科学领域多个国际奖项，斯隆奖、马尔奖、赫尔姆霍茨奖得主。两次担任美国（联合英国）视觉、认知科学、人工智能跨学科合作项目负责人，两次担任"国际计算机视觉与模式识别会议"（CVPR）大会主席。长期致力于构建人工智能科学的统一数理框架。

第一讲
人工智能的现状、趋势与战略

什么是"智能体"与"智能"？人的智能是特殊的、终极的吗？人工智能背后有哪些历史和发展趋势？人工智能在我国的战略定位是什么？什么是通用人工智能？如何创造通用智能体？智能时代人和机器如何相处？这一讲将带大家详细讨论这些问题。

AI 1.1 从物到人的演化

从无机物合成有机物，再到生命体、智能体、智人的出现，体现了文明是一个持续演化的历程。本节我们从物到人的演化来解释什么是"智能体"与"智能"，回答哲学上经典的三大基本问题：我是谁？从哪里来？要到哪里去？

1.1.1 何为"智能体"与"智能"？

现实世界是在物体的运动和化学的反应中催生了生命，然后开始生命演化的历程，进入智能演化阶段的。这个阶段出现了具有智能的人，也就是智人。智能演化是一个相当漫长的过程，智能的载体——大脑从爬行动物的大脑演化到哺乳动物的大脑，然后到人类的大脑。此后，人类进入了文明的演化，经历了原始文明、农业文明、工业文明到现在的数字文明这么一个过程。那么，未来社会人类将到哪里去？这是我们希望能解答的问题。

首先我们来看一个关于无生命物体运动的物理现象。图 1-1（a）是一个非常简单的物理现象：在一个小的正方形"房间"里面有两个球，它们在做碰撞运动，其行为完全符合机械的、物理的规律（视频在本讲的时段：00:03:50—00:04:31）。我们完全可以认为它们所做的运动是没有生命的、机械的。这是我们在高中物理课程中学到的东西。

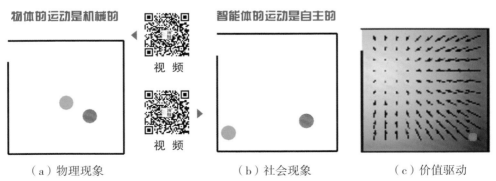

（a）物理现象　　　　　（b）社会现象　　　　　（c）价值驱动

图 1-1　从无生命物体到生命体，再到智能体[1]

1　资料来源：Shu T-M, Thurman S, Chen D, et al. Critical features of joint actions that signal human interaction. 38th Annual Meeting of the Cognitive Science Society, Kyoto, 2016.

由图 1-1（b）我们看到，同样是两个球，一红一绿，它们的运动就不是一个简单的、机械的物理现象，而是自主的社会现象（视频在本讲的时段：00:04:31—00:05:01）。在这里红色球像是一个人或者动物，它想出"门"，但是绿色球要把它堵在里面，那么红色球就有意图地去抗争，这是一种自主的、有着社会驱动力（价值驱动）的运动。自主运动和机械运动，区分最大的一点就是，自主运动是价值驱动的。

这就引出了一个概念——"为机器立心"，即人工智能要给机器一颗"心"，这个"心"的外在表征就是"价值"。如图 1-1（c）所示，这个红色球想出"门"，那么越靠近"门"的位置对它而言就越有价值，这样就会驱动红色球往"门"的方向走。这时红色球相当于一个有着驱动力的智能体，其背后存在着一个随场景改变和其他智能体位置改变而改变的复杂价值函数。

人同样如此，作为世界上最聪明的智能体，在演化过程中，人产生了大量的、先天的价值判断。

这里举一个简单的例子。一名 8 ～ 12 个月的婴儿就会有善恶的判断，这在很大程度上是一种先天的价值判断。图 1-2 给出了这方面研究的一组心理学实验，让一名 8 ～ 12 个月的婴儿观察两个玩具，每个玩具相当于一个小动物，之后让他选择其中一个：首先，在第一个实验中，红色圆要"爬坡"，往上走，而这时蓝色正方形把它往下推，这是一种恶意阻拦的行为。然后，在第二个实验中，当红色圆往上走时，黄色三角形从下面把它往上拱，帮助它，这是一种主动帮助的善的行为。在婴儿观察这两个实验后，把黄色和蓝色的两个玩具放一起，让他去选，他会选择黄色的玩具。这说明，婴儿已经能够通过简单的实验判断什么是善，什么是恶，进而选善弃恶。这是一个简单的价值判断，也是智能体有价值驱动的运动和物体无目的机械运动的一个根本性差别。

还有另外一组实验，表明在人的演化过程中产生的大量先天的价值判断包含了"喜欢合作"。这组实验对比了人和大猩猩：在一个实验中，小孩和大人玩得非常快乐，当大人不和小孩玩的时候，小孩会主动要求大人来跟他玩；而在另一个相应的大猩猩对照实验中，大猩猩就没有要和人玩的意识，它只会自己玩，在合作方面天生就有缺陷。在中国传统儒家文化中谈到的"仁"

（a）红色的圆要"爬坡"，被蓝色的正方形阻止（恶）　　（b）黄色的三角形助推红色的圆"爬坡"（善）

（c）婴儿选择黄色的三角形作为玩具（选善弃恶）

图 1-2　8～12 个月的婴儿选善弃恶[2]

和"义"，是人性的根本特征，而这是在人的演化过程中获得的，很有可能是基因突变的结果。这些先天的价值判断能够把人和大猩猩区分开来。也就是说，人作为更高级的智能体，有大量的这种"从善""合作"的趋向。

智能是智能体在多尺度、多维度下，通过与环境和社会交互来实现大量任务的过程中所表现出来的现象，例如个体与环境交互、内心的思考活动、社会群体的合作交流等。自然界中大量复杂的现象是物理学研究的对象，比如说刮风、下雨、地震、流星等现象。而智能研究的对象则是各种各样的智能体在现实世界中与环境交互所表现出来的智能现象。这些现象有些是我们以前未发现的。比如，之前我们认为只有人才能够制造工具和使用工具，但是后来发现在丛林中很多大猩猩也能够使用工具：会用石头去砸核桃；它们还能够制造工具：会找一根合适的棍子，并拿棍子从洞里面钓出白蚁来食用。

2　资料来源：Hamlin J K, Wynn K, Bloom P. Social evaluation by preverbal infants. Nature, 2007, 450(7169): 557–559.

这些都是智能现象。

智能现象可归为六大领域：视觉、语言、认知、学习、运动、社会，如图 1-3 所示。

特别地，视觉领域包括识别物体、理解物体的属性，通过视觉重建所看到的三维世界场景，理解和分析场景中智能体的行为。这里有一个经典流传的故事：牛顿发现万有引力的时候正坐在一棵苹果树下面，苹果掉到他头上，他就思考为什么苹果往下掉落而不是往上飞。这启发了他提出万有引力的概念，开启了经典力学时代。

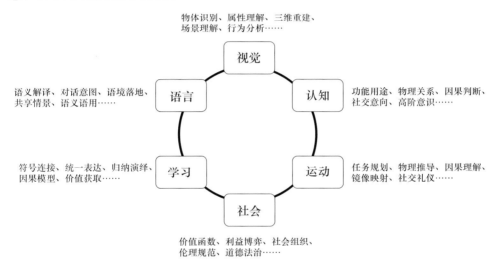

图 1-3　智能现象所属的六大领域

思考我们日常生活中所观察到的现象的形成原因、背后机理，这就是科学的起源。我们虽然在物理学、化学、生物学等方面有非常深入的研究，对这个世界的理解越来越清晰，但是我们对自己的研究，特别是智能的研究还相对滞后。对于很多现象，我们认为是理所当然的，但是实际上其背后有着深刻的理论。比如，我们能够识别物体，能够理解他人的行为，能够看到三维的世界，这些都是我们认为睁开眼就能实现的事情，但是都需要我们思考它们背后究竟有怎样的机制。

我们能够对话，能够理解别人的意图、语境、语用和语义，能够听懂他人的言外之意，这是我们具有的语言智能。我们能够知道一个物体的功能，比如水杯能用来喝水，水倒在桌上能把桌子弄湿，锤子能用来砸核桃，等等，这是我们具有的认知智能。我们能够规划自己的运动，比如捏筷子、揉面、玩泥巴等，这是我们具有的运动智能。而这些对应于智能机器人，就是做运动控制。我们能够获取新知识，包括通过学习、归纳、推理等获取新知识，这是我们具有的学习智能。我们能够形成各个层次的集体，通过各种社会博弈进行交流，形成伦理道德和社会规范，这是我们具有的社会智能。

视觉、语言、认知、运动、学习、社会能力，这些都是我们每个人感觉天生就有的能力。但是，希望同学们都想一下为什么：为什么我们的手能够动？当我们想用手去做捏筷子运动的时候，是怎么获取这种能力的？……这些是我们要研究的一些核心问题。

1.1.2 智能既是客观现象，又是主观现象

智能既是客观现象，在很大程度上又是主观现象。举一个例子，图 1-4 是两位心理学家海德（Heider）和西梅尔（Simmel）早在 1944 年做过的一个心理实验的演示（视频在本讲的时段：00:12:17—00:14:01）。从客观的角度上讲，我们从中看到的就是一些线段、一个圆，还有两个三角形（一个大的、一个小的）。它们在做旋转、平移和碰撞运动（这些都是刚才谈到的物理现象）。

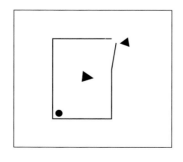

图 1-4　Heider-Simmel 实验

但是，从主观的角度上讲，我们看到了其中有人物的动作、事件和性格，甚至可以体会到人物的心理活动，比如他在某个时候很害怕，他在试探，他想逃跑，等等；我们还可以看出他的性格。那么，从这个意义上讲，体现我们人的智能的现象，就是我们人能够看懂这个视频。

现在用机器，比如计算机，去理解这个视频，它可能会给你这样的报告：这里有个三角形在做旋转运动。但是，人却看到了另外一种现象，这就是我们说的"智能"，其在很大程度上是一个主观的对世界的理解。佛经里面谈到"相由心生"，就是指你所看到的事其实是你心中想到的事物。比如，我们看到视频中有人物的运动、他们之间的关系等等，就是所说的"相"，这个"相"是主观生成的，它是由你内心生成的。如果你内心中有这个事物，那么你就看得到这个事物；如果你内心中没有这个事物，那么你就看不到这个事物。所以，智能的一个核心问题就是，主观唯心和客观唯物的融合是产生智能的一个根本机理。

1.2　人工智能的发展历史与趋势

1.2.1　人工智能的发展历史

人工智能的发展历史只有 60 多年，它是从 20 世纪 50 年代开始的。在 20 世纪 40 年代就有计算机，很多人把计算机叫作"电脑"，希望它跟人脑类似，能够有人脑的一些智能行为，比如能够进行定理证明、下棋、知识推理、百科问答等。

人工智能发展经过了几次衰落，最近一次衰落就是在 20 世纪 80 年代，当时出现了所谓的两朵"乌云"，就是我们所说的它解决不了的问题：一朵是"符号落地"，另一朵是"常识获取"（图 1-5）。这跟物理学在 19 世纪末出现了两朵"乌云"很类似：一朵是"光速不变"，另一朵是"黑体辐射"。后来由光速不变产生了相对论，由黑体辐射产生了量子物理。

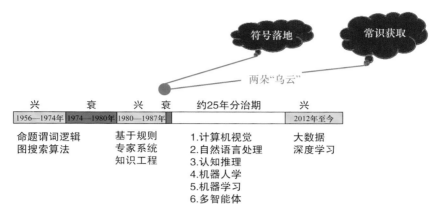

图 1-5　人工智能发展历史

由于遇到了这件事情，人工智能进入了长达 25 年的冬天。这其实是个分治期，即从不同的现象来"分治"研究人工智能，从而出现了六大核心领域：计算机视觉、自然语言处理、认知推理、机器人学、机器学习、多智能体。计算机视觉是一个很大的领域，研究如何使机器"看"得见的问题；自然语言处理、认知推理强调心智和因果关系那些事情；机器人学、机器学习、多智能体则注重人工系统的模拟构造、学习能力和多智能体社会。经过约 25 年的分治发展，人工智能在过去的 10 年中变得非常热门。

1.2.2　两朵"乌云"

1.2.2.1　符号落地

下面给大家简单介绍一下什么叫作符号落地，为什么它这么难。

我们一睁开眼睛就能够看见一幅画面，也就是一张图像，但是看到的是什么呢？在我们的视网膜里，或者在胶卷上，它是一个矩阵，这个矩阵中的每个点是一个像素。所谓的 100 万像素就是 100 万个点，其中每个点都有一个灰度值，可用 00 到 99 之间的数值来表示，比如 00 代表黑色，99 代表白色，那么 00 至 99 之间的数值是不同的灰度值。如果是彩色的，就有红、蓝、绿对应的三个图像。所以，乍一看，图像就是"天书"。

图 1-6 是 1992 年作者在哈佛大学留学时上的第一门课——计算机视觉的第一份作业。当时老师把这张图像打印在纸上，让学生带回家去猜这张图

像里面到底蕴藏了什么东西。一般来说，你可能花一天的时间都搞不清楚这里面是什么，因为这里面的可能性太多了。

图 1-6　图像"天书"

而且，你去看这张图像的时候，它的复杂度就能令你一筹莫展。所谓符号落地，就是说我们看到的是信号，但是我们要知道的是看到的信号代表什么符号。符号是什么呢？比如，这张图像里面是一只狗、一个人、一个杯子、一间厨房，这就是我们所说的一个符号，它表达着一个概念。但是，怎么把这个符号从信号中抽取出来？同样，对于语音识别也存在这样的问题。比如，你说了一段波形语音，这也是信号，那么你说的具体是什么呢？这也需要对这些信号进行符号转化，或者符号落地。

1.2.2.2　常识获取

另外一朵"乌云"是常识获取。什么是常识呢？常识包含物理常识和社会常识。

· 什么是物理常识？

物理常识，是指我们在物理世界里每天与日常事物打交道的过程中所具备的普遍共识。物理常识是我们普遍所具有的共识，表面上看很简单，其实其中隐含着非常难的问题。比如，小孩拿着罐子、玩水、玩纸、撕碎纸片，大人叠衣服，这些都是我们在日常生活中觉得很简单的事情，其实做这些的过程中包含着非常难的问题：这些都是如何实现的？最简单的事情实现起来往往是最复杂、最困难的。

这里给大家演示一个例子：一个 3～4 个月的婴儿识别魔术（图 1-7，视频在本讲的时段：00:18:17—00:18:47）。所谓魔术，就是不满足物理因果常识的现象。

视 频

图 1-7　3～4 个月的婴儿识别魔术的实验

婴儿看到图 1-7 中的小木偶从遮挡物的一边进去再从另一边出来，在遮挡物中间空的地方却消失了，也就是我们常说的"好像是见鬼了一样"，这不符合物理因果常识。其实，这里有两个小木偶，它们接连出现，但婴儿觉得是一个小木偶，所以他就会觉得不可思议，会盯着看，或者会感到害怕，甚至会哭。这是因为，婴儿具备了这样一个基本的物理常识：小木偶不会凭空消失。

·什么是社会常识？

社会常识，是指我们在社会交往中需掌握的基本知识。我们把小孩送到幼儿园里，其中一个非常重要的目的是让小孩去体会很多社会常识，比如怎么跟人打交道。

　　社会常识中的一个核心的问题，就是推算别人心里是怎么想的。这里有一个简单的实验：一个人双手拿着东西，想把东西放进柜子里面，但是因为手被占着，不能打开柜门，这时旁边一个一岁多一点的小孩主动走过去把门打开。这个举动好像看起来很简单，但是这个小孩要先能够理解这个场景，知道这个人想干什么，然后才会主动走过去帮助，这就是通常所说的"眼里有活"（图 1-8，视频在本讲的时段：00:19:21—00:19:46）。

视 频

图 1-8　心理学实验之"眼里有活"[3]

　　实验里的小孩，他是自主的，而我们现阶段的机器人在很大程度上却是被动的。比如，你叫机器人做事情，对于你为它设计过的事情，它就做；而

3　资料来源：Warneken F, Tomasello M. Altruistic helping in human infants and yung chimpanzees. Science, 2006, 311(5765):1301–1303.

对于你没有为它设计过的事情，它不知道怎么做，就杵在那里不动。所以，我们要真正发展通用人工智能，就需要让机器人"眼里有活"。

上面所说的符号落地和常识获取，在我们的生活中有大量的应用。通常，在我们在上幼儿园之前就已经具备了一些有关符号落地和常识获取的智能。然而，目前人工智能研究中最缺乏的方面和最难的问题，恰恰是那些有关符号落地和常识获取的，而不是那些下棋之类的任务。对于下棋，我们之前解决了一些符号落地问题，相对来说，已经解决得比较好了。

从未来的发展来看，我们需要让从 20 世纪 80 年代"分治"的人工智能六大领域走向统一。中国有句谚语是"分久必合，合久必分"，这同样适用于人工智能领域。也就是说，之前人工智能被分开来各自研究，现在到了一个集成统一、走向通用人工智能的阶段。

1.2.3 人工智能的发展趋势

1.2.3.1 对内交叉融合与统一

我们预测人工智能发展的趋势有三个。第一个发展趋势是人工智能六大领域将走向交叉融合与统一：计算机视觉（怎么看）、自然语言处理（怎么听）、认知推理（怎么想）、机器人学（怎么进行运动规划和控制）、机器学习（怎么学）、多智能体（怎么在社会中协同行为），通过交叉融合，整合统一起来。

为此，对于人工智能，就是需要建立一个统一的理论框架，这跟物理学的大统一理论很相似。物理学家希望找到一种理论，来统一描述四种基本相互作用（强相互作用、弱相互作用、电磁相互作用和万有引力）以及刻画宇宙中各个尺度的物理现象。那么，我们也希望有一种理论来统一这些智能现象，来解释为什么有这样的智能现象。同时，我们要构造一个通用的智能系统，这相当于要造"人"，就是造出与人类似的智能体；然后考虑如何在一个仿真的虚拟环境中测试它，进而在真实的物理环境中测试它。这些都是我们研究的主要方向。

首先，简单的物体碰撞基本上是用势能函数来表达的。比如，高中物理中介绍的弹簧，其伸缩可用一个势能函数来描述。对势能函数求导数就导出了各种力的概念：拉力、压力等等。其次，通过简单的物体碰撞，我们发现物体和人、人和动物、动物和动物、人和人之间的相互作用，都有一个价值函数，存在一个价值系统，这些相互作用引起的运动受各种各样的价值所驱动。因此，关于这个统一的理论框架，我们说有两套系统：一套叫作 U 系统，它由各种势能函数（U 函数）组成；另一套叫作价值系统（V 系统），它由各种价值函数（V 函数）组成。

1.2.3.2　对外交叉升级与开拓

第二个发展趋势是人工智能与其他学科的交叉升级，并由此不断开拓其外延。人工智能与其他学科有着天然的交叉契机，最近几年这种交叉不断升级、拓展。比如，人工智能与认知心理学交叉，形成了计算认知；人工智能与脑科学和神经科学交叉，形成了类脑计算；人工智能与统计学交叉，形成了机器学习；人工智能与自动化机械工程交叉，形成了智能机器人、机器人控制、自主机器人等；人工智能与医疗交叉，产生了精准医疗（比如手术机器人、智慧健康等）；人工智能与法律和社会科学交叉，产生了人工智能伦理、人工智能安全、人工智能社会治理等；人工智能与人文结合产生了计算社会、计算文明。另外，人工智能与艺术结合，产生了音乐人工智能、人工智能话剧等。

所以，人工智能本身是一个多学科交叉的新兴学科（交叉学科），其发展需要多个其他学科的支撑；同时，它又与其他众多学科进行着广泛、深入的交叉，不断地拓展它的外延，支撑其他学科的发展。

1.2.3.3　与人类文明碰撞和融合

第三个发展趋势是人工智能与人类文明碰撞和融合。人工智能将渗透哲学与美学等范畴。为什么这么说呢？其实，我们研究人工智能，希望最终能造出真正像人、类人的智能体，那么智能体就需要有自己的价值判断。所以，我们研究的人工智能系统，也要类似于我们每个个体以及整个人类社会文明，有两套系统：一套是 U 系统，它是各种规范，属于理性的部分；另一套是 V 系统，它是价值判断部分。

1919 年发端于北京大学的"五四运动"其实是西方文明和东方文明进行碰撞和融合的一个起点，到现在已经过了 100 多年的碰撞和融合。哲学家胡适先生曾提到，东方的哲学从中国古代和印度而来：佛教传到中国后在六朝唐代盛行，其与中国古文化融合，逐渐形成我们丰富的中华文化和东方文明。东方文明有自身的规范：U 系统和 V 系统。西方文明，它从古希腊开始，吸收了犹太教、基督教文化，在罗马时期得到了发扬光大和统一，经过近代、现代的发展，演化为当今的西方文明。西方文明当然也有自身的规范：U 系统和 V 系统。胡适先生认为，世界将来的哲学是东西方文明进一步融合的结果。也就是说，两种文明融合成我们所说的新的规范——U 系统和 V 系统。

从近几年开始，随着人工智能的飞速发展，人类和人工智能体会共存，进入一个人机共存的社会，就像我们现在所说的元宇宙，各种虚拟人会进到我们的世界中来。智能体也会有其自身的 U 系统和 V 系统。那么，我们需要重新思考人性和人文，在新的数据和人工智能发展的基础上建设人文；我们还要重新考虑整个文化体系的构建。

AI 1.3 人工智能战略

基于前面的介绍，我国的人工智能战略是什么？作为一个国家，我们如何去应对新的挑战？下面就来讨论这两个问题。

关于人工智能，习近平总书记在主持第十九届中共中央政治局第九次集体学习时强调，人工智能是新一轮科技革命和产业变革的重要驱动力量，加快发展新一代人工智能是事关我国能否抓住新一轮科技革命和产业变革机遇的战略问题。从这一点讲，近几年人工智能技术的发展超越了学术、产业层面，上升到政治和国家安全的层面，成为大国竞争的焦点，迅速被提升为国家战略。

为了实现国家战略目标，加强人工智能人才的培养迫在眉睫。关键科技的发展最终还是需要人才，特别是顶级的领军人才。相对来说，美国和一些国家出台了很多针对中国的限制策略，进行技术封锁和竞争。根据人力资源和社会保障部在 2020 年 4 月 30 日发布的《新职业——人工智能工程技术人员就业景气现状分析报告》，目前我国人工智能高级人才的缺口非常大。供求比例大约为 1∶10，很多单位，包括大型国企、政府部门、高等学校，招不到合适的人工智能人才，缺口约为 500 万人。

据统计，截至 2022 年 2 月，共有 440 所高等学校设置了人工智能本科专业，248 所高等学校设置了智能科学与技术本科专业。2022 年 9 月，教育部公布智能科学与技术作为交叉门类的一级学科，也就是说，和计算机科学与技术并列作为一级学科。

大家知道，在 60 多年前通过电子学、数学、物理学等学科交叉形成计算机学科，所以我国在 20 世纪 60 年代有了第一批计算机专业的毕业生。经过 60 多年的发展，出现了一个新兴学科——智能学科。心理学、哲学、机器人、控制、自动化、统计学等多个学科，从不同的角度来研究人工智能的问题，最终形成了独立的多学科交叉的智能学科。北京大学智能学科率先被列为"双一流"建设学科，并由此得到了大力发展。当你们阅读了本书，了解到人工智能的基本情况，就有可能有兴趣将来投身人工智能的学习和研究，成为我们要培养的第一批科班出身的人工智能专家。也就是说，如果你们选择了投身智能学科的学习，将是第一批真正接受覆盖了人工智能方方面面的、完整人工智能教育的人。而之前从事人工智能研究的人，是从心理学、机器人、控制、统计学等其他相关学科过来的，他们对人工智能并没有经过一个完整的、系统的学习。你们将成为第一批全面接受智能学科教育的人，这是你们最大的机遇，相信你们未来的发展空间是巨大的。

很多人说人工智能属于计算机学科，那么人工智能到底是不是计算机学科的一个部分呢？在很多高等学校中，人工智能确实是设在计算机学院里面的专业方向，这其实是有历史原因的。

但是，我们要区分一下人工智能与计算机学科。计算机学科的方向是制造和应用计算机，其课程涉及硬件系统、网络、操作系统（软件系统）、编程语言等，软、硬件系统和网络是其核心课程。为了完成不同任务，可设计出以计算机和网络作为基础的、在操作系统之上运行的各种应用程序——APP。我们所说的 APP 在计算机上面运行，是通过我们编程产生的。图 1-9 是计算机系统的基本运行流程。

通过程序员编制计算机能理解的语言(程序)，在计算机系统上运行，实现由性能驱动的计算功能。

图 1-9　计算机系统的基本运行流程

那么，智能系统的基本运行流程是怎样的呢？这是另外一种流程，其目的是要制造智能体（图 1-10）。人、小猫、小狗都是智能体，虚拟人、机器人也是智能体，只不过其能力有强弱之分而已。智能体不仅是个"计算机"，它还有"眼睛"，能行动，会思考，所完成的是任务而不是指令，属于更高层次的系统。

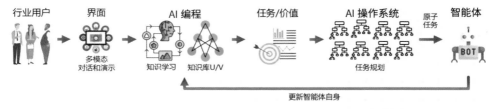

通过行业用户的自然语言，在智能系统上运行，实现由价值驱动的各种复杂的行业任务。

图 1-10　智能系统的基本运行流程

智能体也有操作系统。智能体操作系统里面是各种任务、规划的操作流程。比如，我们要喝茶，得去想倒茶的流程是什么样的；要吃饭，得去想吃饭的过程是什么样的；要打扫卫生，得去想房屋清洁的步骤是什么样的；等等。每天面临的大量任务都是通过操作系统来驱动我们去执行的。

那么，任务是怎么产生的呢？它是通过价值函数产生的。比如，我们之所以要去做一件事，是因为我们觉得那样会更好，更有利于我们。通过价值判断，我们被驱动了。再比如，我们现在觉得天热了，就选择把窗户打开，或者把空调打开，通通风，把温度降下来，因为我们不喜欢过高的温度（如我们觉得 22°C 最合适，则价值函数的最大值就在 22°C）。

同样的道理，我们的价值函数可以定义在方方面面，比如善恶、合作等都是可以定义价值函数的。这样，我们未来跟智能体打交道就不是单纯地跟"键盘"打交道了，而是通过语言把一个智能体当成一个人一样跟它进行交流。当你跟它进行交流的时候，实际上就是对它进行编程，它跟你交流获取的知识，用以更新它自身的价值判断，这在计算机以及计算机的理论架构里面都是不存在的。

所以，智能学科本身是一门独立的学科，也是一门科学，它的目的是要用一个统一的理论和系统来解释、实现各种各样的智能现象。从国家的战略层面，我们要把北京市变成一个人工智能的创新策源地。我国发展了好几个城市和地区，比如北京、上海和粤港澳大湾区，它们属于第一梯队，还有其他一些城市在第二梯队里面。这些城市和地区也都在建设人工智能创新区，不过布局不一样。但是，关键的问题还是要建立一支能够体现国家意志、服务国家需求、代表国家水平的人工智能"国家队"，能够在人工智能这个领域打造一支"科技王牌军"。

无论是北京通用人工智能研究院，还是北京大学智能学院或者人工智能研究院，都希望培养一批科班出身的人工智能领军人物，组建一支"科技王牌军"来参与国际前沿的竞争，他们的核心目的就是迈向通用人工智能。

AI 1.4　迈向通用人工智能

通用人工智能是人工智能研究的初心，我们希望制造出一个真正像人或者是其他智能体的通用智能体，它能够完成无穷的任务。这个初心也是我们的终极目标。通用智能体，是指能够自主地给自己定义任务，具有感知、认知决策、学习、执行和社会协作能力，同时又符合人类情感、伦理和道德观念的智能体。

1.4.1　一只智能乌鸦

下面通过一个有趣的例子，解释一下什么是通用智能体。

图 1-11 是一只在某个城市被一名摄影师跟踪拍摄的野生乌鸦。这只乌鸦就是一个智能体，它要自主地在这个城市生存，没有人教它。它有基本的能力，有视觉，能看懂一个物体，即能够知道一个物体是怎么回事。它要活下来，首先要吃东西。它找到了核桃，却打不开，于是它把核桃扔在路上，让来往车辆将其压开。开始，核桃被压开了，它却吃不着，因为车来车往，吃核桃的时候容易被车压着，而生命只有一次，不能试错。后来它发现：把核桃扔在斑马线（人行道）上，核桃被压开以后，待行人通行的灯亮时，两边车都停住了，它就可以从容不迫地走过去，吃到这个核桃（视频在本讲的时段：00:36:06—00:37:17）。

视 频

图 1-11　通用智能体之乌鸦

这里的乌鸦就是一个非常典型的通用智能体。没有人教这只乌鸦，也没有其他乌鸦教它，它能够自主地想出如何吃核桃这个问题的解决办法，或者说适应环境，完成"把核桃打开并吃到"的任务。在完成这项任务的过程中有一个很强的因果链和价值链，乌鸦自动地通过少量的数据，把这个因果链和价值链想明白了，它完美地完成了这样一个吃核桃的任务，最后它就能够生存下来。

1.4.2 两种人工智能范式

在通用智能体发展中，存在两种人工智能范式的竞争：乌鸦范式和鹦鹉范式（图1-12）。

乌鸦范式人工智能，要解决的是"小数据大任务"的问题。首先，仅需要少量的数据；其次，要完成大量的任务。比如上面例子提到的那只乌鸦，它只看到了一些没有标注的"数据"，也没有大量的数据训练；但是，它要完成大量的任务：既要能够识别物体，找到核桃，又要能够学习、推理、执行（包括多种行动），等等。

· 自主的智能：感知、认知、推理、学习和执行
· 不依赖大数据：没有标注的训练数据，无监督学习

（a）乌鸦范式——"小数据大任务"

· 需要大量重复数据来训练
· 可以说人话，但不解话意
· 不能对应现实的因果逻辑

（b）鹦鹉范式——"大数据小任务"

图1-12 两种人工智能范式

现在很多人工智能其实是一种大数据人工智能，我们将其称为鹦鹉范式人工智能。鹦鹉能够学舌，你重复一句话，它一般也能学着说这句话，但大部分情况下它是不理解这句话的实际意思的，也不理解其背后的因果关系是什么，它只会在某个场景中突然冒出这句话来。现在的智能音箱就经常出现这种状况。

鹦鹉范式人工智能，就是通过大量的数据来完成任务的。给定某一个具体的训练任务，比如人脸识别，用大量的人脸数据去训练人脸识别系统，从而完成这个识别任务。但是，对于人脸识别之外的任务该系统就管不了了，它只能完成这一项任务。

通用智能体需要完成大量的任务。乌鸦的行为和学习范式，给了我们启示和方案。它的体积非常小，功耗非常低，且不需要大量数据就能完成大量任务，这是现今人工智能系统远远达不到的效果。这是怎样形成的？怎样才能够达到这样的智能？希望同学们，我们年轻的一代，要思考这样的问题。

1.4.3　如何打造通用智能体？

通用智能体还包括机器人和虚拟人（图 1-13）。机器人，我们大家都知道。虚拟人，现在也发展起来了。虚拟人是由人在背后驱动的，其实它就类似"皮影"。2022 年被称为"元宇宙"的元年，而且 2022 年全球人口突破了 80 亿大关。作者认为，未来虚拟人的数量，一定会大于全球人口的总数。在游戏空间中，有很多游戏已经有了多种虚拟人。随着人工智能研究越来越发达，这些虚拟人就越来越自主、越来越像人，甚至会超过人。

（a）机器人　　　　　　　　　　　（b）虚拟人

图 1-13　机器人和虚拟人

也就是说，未来智能体的数量会远远大于人类的数量，这就会出现一个新的社会形态。无论是元宇宙还是虚拟人，其背后的核心技术都是所谓的通用人工智能，也就是能造出能够完成很多任务的智能体：能思考，即具有认知推理的能力；会看，即具备计算机视觉技术；能够听和说自然语言；能够自主学习、运动和规划；多智能体间能够协同适应社会；等等。简单来说，通用人工智能就是要求有"造人"的能力。

当造出这样一个"人"后，怎样衡量它的智能标准呢？我们参照了人类婴幼儿和儿童的发展规律，比如参照 6、12、24、48 个月以及大于 72 个月的婴幼儿和儿童，考虑这个"人"能够实现哪些功能（图 1–14）。

婴幼儿和儿童发展

大于72个月
遵守社会规则，交流与对话，完成精细动作与任务

48个月
简单对话，听懂故事并预测下文，简单家务

24个月
感知情绪，理解简单的词语和指令，玩简单游戏

12个月
认识基础物体属性，说出词语，直立行走

6个月
认识熟悉面孔，发出简单声音，上肢动作

通用智能体发展

水平5
价值驱动自主完成任务，多智能体交互，协同动作

水平4
主动感知，认知交互，精细动作

水平3
常识与推理，基础意图理解，移动与操作

水平2
关系推理，基础认知推理，与物体互动

水平1
基础语义理解，初级认知推理，本体运动

图 1–14　婴幼儿和儿童发展与通用智能体发展的对照

我们也通过前述的两套系统：U 系统和 V 系统，对所造出的"人"进行智能标准级别评定。也就是说，机器人（所造出的"人"）和人一样有两套系统：U 系统，就是机器人的能力；V 系统，就是机器人的价值体系。这一点像我们的档案系统，比如一名同学毕业时，会有一个对他的能力评价，如语文能力怎么样、数学能力怎么样，都会由评价系统给出相应的评价；同时还有一个表现评价，就是这名同学的平时表现，如政治表现、性格的一些特点、价值取向，一般由班主任给予评价。

同样的道理，机器人要有这两套系统：能够识别多少物体、能够听懂多少话、是否会下棋等等，这都是它的能力，属于 U 系统；而它喜欢什么、不喜欢什么，则是它的取向，属于 V 系统。

下面给大家简单介绍一下我们打造的全球首个通用智能体——小女孩"通通"（图 1–15）。"通通"生活在一个高度仿真的数字场景中，能够综合处

理视觉、语言、触觉、声音等多个感知通道的信息，具备观察、理解和行动的能力。例如，当研究人员通过虚拟手意外将牛奶碰洒在桌面上时，无须提示，"通通"就会主动找到抹布清理桌面上的牛奶污渍。她不仅能够感知手的动作与牛奶的位置，还能通过认知推理判断牛奶洒落的状态，并结合自身"爱干净"的价值观采取行动。这展现了"通通"在因果推理和价值驱动上的自主决策能力。又如，在探索环境时，"通通"表现出类似儿童的好奇心：她能自主探索不同房间中的物品和空间布局，并将散乱的物品归置到"正确"的位置。这种行为不仅体现了"通通"的认知能力，还展现了她的自主性和基于价值观的行为选择。另外，对"通通"的设计充分考虑了价值对齐能力：她能够基于自身的价值体系，在任务执行中展现对人类意图和行为规范的理解。例如，在与研究人员互动时，"通通"能够敏锐察觉对方的意图，并结合自身的价值驱动进行合理的反馈。

图 1-15　全球首个通用智能体——小女孩"通通"

接着介绍一下怎样在一个仿真的环境下让机器人去经历各种日常事务（图1-16）。我们首先利用各种三维的物体构造各式各样的场景，可以是室内场景，比如车库、厨房、健身房等，也可以是室外场景，还可以是各种风格的场景（中式的、日式的）；然后，在场景中让机器人去体验、学习，比如体验、学习怎样削苹果、倒水、倒茶等。通过数字手套与人连接，以记录人的运动及工具的使用，并且从中教会机器人使用工具，做各种各样的任务，比如烧水、砸核桃等。机器人通过观察并学会后，它就可以做到举一反三，因为它能够理解因果关系和物理规律，并不是靠死记硬背来做事。在同一个场景里，人和机器人可以协调共事，比如一起榨果汁。在这个过程中，人可以让机器人停下来，让机器人解释它在干什么、为什么要这么做等，从而通过人机合作打开机器人行为的"黑箱"，使得人和机器人能够形成互信。上面介绍的通用智能体"通通"的各项能力就是通过这种方式，在大量仿真场景下体验、学习获得的。

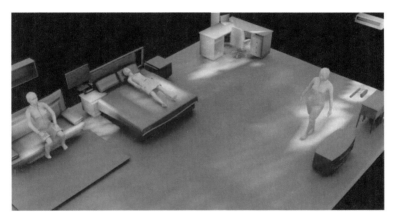

图 1-16　机器人在仿真环境下经历各种日常事务

1.4.3　智能时代来临

我们认为智能时代已经来了。以技术来划分，从蒸汽机开启了工业时代，到发电机开启了电气时代，再到计算机开启了信息时代，最后到智能时代的到来，人类进化的历史就是一部人与机器共同进化的历史。

大家很担心：高度发达的通用智能体到来了以后我们该怎么办？其实，蒸汽机、发电机和计算机来的时候，对我们社会都产生了很大的影响，但我们依然安然无恙。智能时代来到以后，同样会对我们整个社会产生非常大的影响。人类完成了从自然人到社会人的进化，正处在向智能人进化的阶段，我们希望从哲学的高度和视角给予解释与引领，从全球的视野和人文的高度创造出与科技进步相匹配的新思想、新理论。

我们在北京建设了一个国际一流的新型研发机构——北京通用人工智能研究院，并获批了一个新的全国重点实验室——跨媒体通用人工智能全国重点实验室，目的就是造出一个通用智能体。我们用汉字"通"设计了一个标志，其中正好包含了 A、G、I 三个字母（图 1-17），其中 A 代表 Artificial，G 代表 General，I 代表 Intelligence。我们把这个 I 设计成一个女娲的形象，寓意就是"造人"，即我们要实现这么一个通用智能体：具有自主的感知、认知、决策、学习、执行和社会协作能力，符合人类情感、伦理与道德观念的通用智能体。

图 1-17　汉字"通"的一种解读

1.4.4　人和机器人如何相处？

未来的世界，我们人和机器人如何相处，对此各种科幻小说（例如《黑客帝国》等）都在猜想。与其猜想，不如行动。我们认为最核心、关键的问题，就是要基于人的认知架构，形成人与机器人价值的双向对齐，从而使人和机器人产生互信。

2022 年 7 月 22 日在《科学》（*Science*）官网的头条上报道了我们团队的研究工作。这项工作的论文"Bidirectional human-robot value alignment"，就是说我们人和机器人要实现价值对齐的，其中包括四个对齐：对齐我们的语言、对齐我们的行动规则、对齐我们的共同决策函数和共识、对齐价值。只有这样，我们人和机器人才能够互信，无须害怕。在电影《超能陆战队》里面，大白机器人和人形成的和谐共处的关系，展现了一个人和机器人和谐共处的场景（图1-18）。

图 1-18　人机和谐共处

AI 1.5　北京大学通班

我们在北京大学设立了通用人工智能实验班（简称通班），就是要利用北京大学雄厚的师资和交叉学科的优势，培养一些国家战略性的通用人工智能人才。

目前根据国际的人工智能排名指数 AIRankings（依据是一些公开发表的数据，包括统计过去 10 年国际五十多个顶级核心期刊和会议上发表论文的加权指数），北京大学在五百多所国内外高等学校中排名全球第二、全国第一。实际上北京大学和清华大学在这个领域从体量上而言已经站在了世界前列。

元培学院是北京大学的一个本科学院，是一个可以自由选择专业方向的学院。我们的通班依托元培学院，希望培养一批科班出身的人工智能人才——通用人工智能人才。我们提出的理念是"通识、通智、通用"。

我们响应国家强调的教育、科技、人才"三位一体"的政策，把通班的培养和北京通用人工智能研究院的实践平台结合起来。中央广播电视总台《焦点访谈》在 2022 年 11 月份报道了我们的实践活动。我们从海外引进了 30 多位名牌大学的博士来培养这一批人才，这是一个非常大的历史机遇。希望年轻一代的学生进来和我们一起探索，共同建造一个人机和谐的理想社会。

 思考题 >>

1. 下面的"现象"中哪个更"智能"？（　　　　）

A. 机器人下围棋时战胜人　　　　B. 机器人跳舞　　　　C. 乌鸦喝水

2. 以下表述中哪些不符合本讲的观点？（　　　　）

A. 从物体的运动和化学的反应到生命的产生，再到智能的进化，是连续演化的过程

B. 人的智能是演化的终点，人不可能创造超过自身智力的人工智能

C. 为机器立心是指赋予智能体价值观

D. 测试通用人工智能的标准包含能力与价值两套系统

3. 以下表述中哪些不符合本讲的观点？（　　　　）

A. 智能科学是隶属于计算机科学的一个分支领域

B. 研究人工智能最关键的要素是给计算机"喂"大量的数据

C. 智能体是进化产生的，智能是智能体行为的现象

D. 人工智能是一门赋能百业的技术，本身不是一门科学

4. 以下哪一个领域不属于人工智能研究的六大核心领域？（　　　）

A. 计算机视觉

B. 认知计算

C. 多智能体

D. 自动驾驶

E. 机器学习

F. 自然语言处理

5. 以下哪些职业未来更容易被机器人取代或基本取代？

A. 餐厅服务员　　　B. 全科医生　　　C. 出租车司机　　　D. 小学教师

6. 为了避免未来人工智能奴役人类，以下哪个表述最符合本讲观点？
（　　　）

A. 将机器人锁在铁笼子里面最安全

B. 给机器人制定严格的行为规则

C. 人工智能不会超越人类，所以不必担心

D. 让人工智能的价值函数符合人类的价值观

刘 腾 宇

北京通用人工智能研究院研究员。博士毕业于加利福尼亚大学洛杉矶分校，长期从事三维视觉、场景理解、具身智能等方面的研究。学术论文多次发表在计算机视觉、机器人学等人工智能领域顶级国际学术期刊和会议（包括 *T-PAMI*、*RA-L* 和 CVPR、ICCV、NeurIPS、ICRA、IROS 等）上，在 2023 年机器人学领域顶级国际会议 ICRA 上获操作领域杰出论文提名。

第二讲
机器眼中的大千世界
——计算机视觉

什么是视觉？视觉是简单的看见吗？人类习以为常的视觉有哪些强大而神奇的能力？我们又应当如何通过计算模拟这些能力？这一讲将带大家走进神奇的计算机视觉，感受前沿科技的魅力。

AI 2.1 神奇的视觉

谈到视觉，我们首先想到的肯定是看到一个画面，此时我们就需要一个很重要的器官——眼睛，来感受光线和色彩。下面我们介绍一下眼睛是怎样发展演化而成现在这样的。

2.1.1 眼睛的发展演化

人类和动物的眼睛结构非常复杂，是一个复杂的透镜系统（图 2-1），但这个系统其实也是从非常简单的一些感官发展而成的。最早期的眼睛是类似植物的光受体，然后随着物种的演化慢慢地发展成色素点、色素杯，再逐渐发展成类似小孔成像的原始结构（针孔眼、原始封闭眼和原始透镜眼），最后发展成现在这种复杂透镜眼，图 2-2 给出了人类眼睛的演化过程。

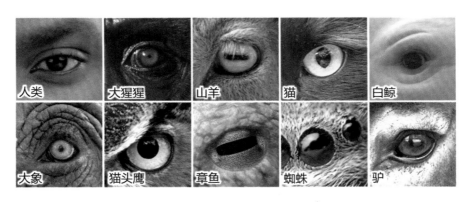

图 2-1　人类和一些动物的眼睛[1]

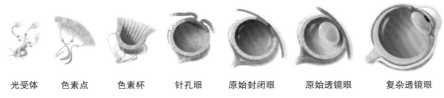

光受体　　色素点　　色素杯　　针孔眼　　原始封闭眼　　原始透镜眼　　复杂透镜眼

图 2-2　人类眼睛的演化过程[1]

1　资料来源：https://www.visualcapitalist.com/eye-evolution/. [2024-06-30].

与人类不同，一些昆虫和水生动物的眼睛是复眼（图2-3）。也就是说，一只眼睛里面有密密麻麻的非常多的小眼。而相对应的人类眼睛结构就叫作单眼。复眼和单眼一样，都是从类似植物的光受体演化而来的，只是在这个演化的过程当中走了不一样的路径（图2-4）。

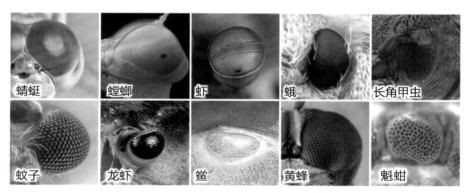

| 蜻蜓 | 螳螂 | 虾 | 蛾 | 长角甲虫 |
| 蚊子 | 龙虾 | 鲎 | 黄蜂 | 魁蚶 |

图2-3　一些昆虫和水生动物的眼睛[2]

光受体　色素点　早期复眼　透镜复眼　并列眼　折射重叠眼　反射重叠眼

图2-4　昆虫眼睛的演化过程[2]

2.1.2　神奇的视觉：看得见

我们说眼睛是视觉器官，有了眼睛就能够看见。那么，很自然就有了我们的第一个问题：人类的视觉是不是只包含"看得见"这一个要素呢？为了回答这个问题，这里给大家先看一个关于向日葵的例子。我们知道，向日葵之所以会朝着太阳转，是因为向日葵的背部有不喜欢阳光的光受体，这个光受体会驱使向日葵朝着躲避阳光的方向转动（图2-5）。因此，从某种意义上来说，向日葵也是能够"看得见"阳光的。那么，我们能认为向日葵拥有

2　资料来源：https://www.visualcapitalist.com/eye-evolution/. [2024-06-30].

人类意义上的视觉能力吗？

图 2-5　向日葵[3]

　　我们再看一个例子。图 2-6 是 2021 年耶鲁大学和麻省理工学院的研究人员发现的一种生活在腐烂蔬菜中的小生物——秀丽隐杆线虫。这种线虫的长度大概是 1 mm，通体透明，没有眼睛，但是它们可以通过一些感知器官来感受颜色的变化，即通过颜色变化的感知系统来躲避腐烂蔬菜中的毒素。所以，这种线虫也有"看得见"的能力，也能够感受到色彩的变化。那么，它们是否也拥有人类意义上的视觉能力呢？

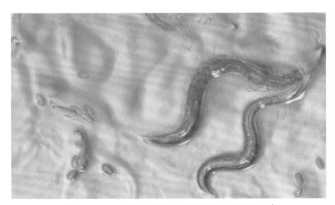

图 2-6　一种生活在腐烂蔬菜中的线虫[4]

3　资料来源：https://www.youtube.com/watch?v=MibjBgcHXcU. [2024-06-30].

4　资料来源：Ghosh D D, Lee D, Jin X, et al. C. elegans discriminates colors to guide foraging. Science, 2021, 371(6533): 1059–1063.

对于前面两个问题，相信大家的答案都是否定的，可以认为它们在某种程度上能够"看得见"，但并不拥有人类意义上的视觉能力。人类的眼睛比向日葵和线虫的感知器官强大很多，它有瞳孔、虹膜、角膜、视网膜、眼肌、透镜、晶状体和视神经，是一个非常复杂的系统（图2-7）。人类的眼睛也因此能够快速地变焦和移动，能够清晰地、快速地看到所关注的区域。

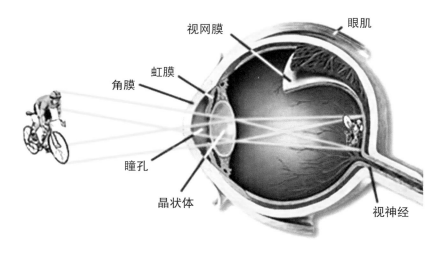

图 2-7　人类的眼睛结构 [5]

但是，利用小孔成像发明的相机，经过了上百年的发展演化（图2-8），单就"看得见"而言，已经能够非常好地模拟甚至超过人类眼睛的能力；在清晰度层面上，已经远远超过了人类眼睛的能力。例如，在图2-9中，有两张拍摄于迪拜的超高分辨率照片，这两张照片在放大几百倍之后依然非常清晰。我们不能因此说，拥有了相机就拥有了人类的视觉能力。

那么，在这之中缺失的部分在哪里呢？请大家先积极配合做几个小实验，从中可以找到这个问题的答案。

5　资料来源：https://micro.magnet.fsu.edu/optics/lightandcolor/vision.html. [2024-06-30].

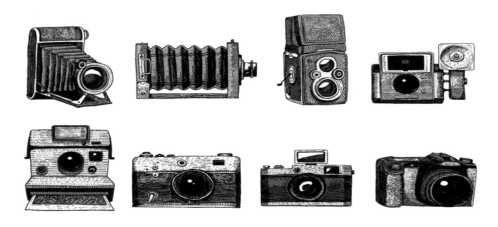

图 2-8　照相机的发展演化[6]

图 2-9　迪拜的超高分辨率照片[7]

6　资料来源：https://www.pixtastock.com/illustration/29088150. [2024-06-30].

7　资料来源：https://www.imaging-resource.com/news/2016/01/26/explore-the-highest-resolution-photo-ever-taken-of-dubai. [2024-06-30].

2.1.3 神奇的视觉：看得懂

请大家注意看图2-10（a），这张图里面有什么呢？可能有的同学会说这是一个"吃豆人"，而没有玩过"吃豆人"游戏的同学会说这是一个被剪掉一部分的黑色圆。这两个回答都没有错。当把三张"吃豆人"图片如图2-10（b）所示排列在一起的时候，大家有没有发现什么新的东西？细心的同学可能会发现，在画面的中间出现了一个白色的三角形。这是一个非常神奇的现象，我们看到的这个三角形，其实并不真实存在，它只是三个缺口组合在一起，让我们觉得这里有一个白色的三角形，且这个白色的三角形压在三个圆之上。可以说，这个三角形是我们的大脑想象出来的，或者说是我们"脑补"出来的。同样，在图2-10（c）中，我们也能够看到一个缺失的三角形（或称隐藏的三角形）。

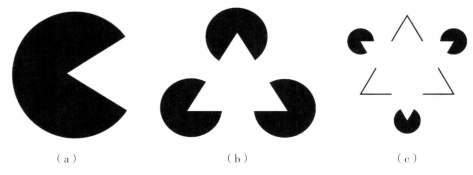

（a）　　　　　　　　　　（b）　　　　　　　　　　（c）

图2-10　"吃豆人"与缺失的三角形[8]

下面请大家看图2-11给出的视频，视频中左右两边的小球看起来好像在沿着两个不同的轨迹运动：左边的小球在沿着地面对角线做往返运动，右边的小球在沿着屏幕所在平面对角线做往返运动（视频在本讲的时段：00:07:06—00:07:47）。但是，若我们仔细观察（把地面上小球的影子去掉），就会发现这两个小球的运动轨迹其实是一样的。让我们认为它们的运动轨

8　资料来源：https://gracehingmh.medium.com/gestalt-theory-and-its-principles-a00c928390a5. [2024-06-30].

迹不一样的，是画面中的阴影。也就是说，不同的阴影让我们对同样的画面有不一样的三维直观理解。

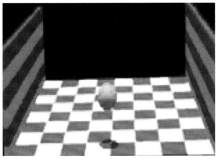

视频

图2-11　小球的运动轨迹关于不同阴影的效果[9]

最后，我们来看图2-12，请大家描述一下在这张图中看到了什么。有的同学可能会说：看到了火车、街道、大楼，还有梯子。相信大家也都意识到这张图描绘了一列火车从一栋大楼的二楼掉到了大街上。那么，可能这栋楼是个火车站，这列火车在里面脱轨掉到了大街上。

- 火车、街道、大楼、梯子 ……

- 一列火车从二楼掉到了大街上，可能是脱轨了

图2-12　一张描绘一列火车从一栋大楼的二楼掉到大街上的图[10]

9　资料来源：https://www.sciencedirect.com/science/article/pii/S0042698905003603. [2024-06-30].
10　资料来源：http://www.cs.cornell.edu/courses/cs6670/2011sp/lectures/lec00_intro.pdf. [2024-06-30].

这些例子其实都是为了告诉大家：人类的视觉系统，不只是有"看得见"这一个能力，其背后还有一个很重要的能力是能够去发现画面背后的故事。也就是说，我们除了"看得见"之外，还有"看得懂"这个能力。

2.1.4　神奇的视觉：看不见

先请大家配合做一个实验。请大家仔细观看图 2-13 给出的视频，数一数这个视频里穿白衣服的人一共传了几次球（视频在本讲的时段：00:09:12—00:09:39）。

视　频

图 2-13　关于"看不见"的实验：多人传球

答案是：一共 15 次。不知道你有没有数对。但是，这里我们想说的不是"一共传球 15 次"这件事，而是你有没有在视频里看到一只黑猩猩。相信很多同学满脑子都是问号：怎么会有一只黑猩猩出现？请大家再仔细看一下这个视频，观察一下这只黑猩猩。

那么，为什么会出现上述实验中"看不见"黑猩猩的情况呢？其实，除了"看得见"和"看得懂"之外，我们的视觉还有一个非常神奇的特性：有的时候会"看不见"。造成这个现象的原因是，我们的眼睛并不像相机一样，对整张照片都有一样清晰的分辨率。事实上，我们的眼睛对画面中最靠近中央位置的细节看得最清晰，对越靠近周边位置的细节就越模糊，如图 2-14 所示。

图 2-14　眼睛对画面的不同位置有不同的清晰程度[11]

　　图 2-15 能够更清晰地展示这个事实：只有对在最中心 5°～10° 的区域内的景物，我们可以看得足够清晰，清晰到能够分辨文字；对于 10°～30° 的区域，我们能够看清楚大概的形状和色彩；对于 30°～60° 的区域，我们能看清楚的就只剩下色彩，连形状都几乎没有了。

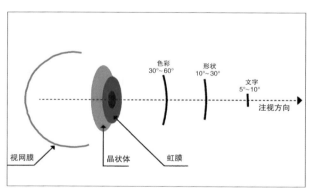

（a）

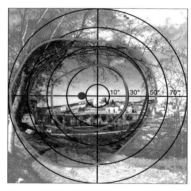

（b）

图 2-15　眼睛对整个观察场景有不一样的清晰程度[12]

11　资料来源：Min J, Zhao Y-C, Luo C, et al. Peripheral vision transformer. 36th Conference on Neural Information Processing Systems, Electr Network, 2022.

12　资料来源：https://www.progress.com/blogs/the-surprising-potential-of-peripheral-vision-in-driving-user-attention. [2024-06-30].（左）

https://novavision.com/we-all-have-it-the-blind-spot/. [2024-06-30].（右）

另外，还有值得注意的一点是，在图2-15（b）里面有一个黑色的小圆点，这个小圆点描述的是我们的眼睛有一块盲区。也就是说，我们的左眼和右眼各自都有一块盲区，对于落在盲区里的景物，我们是完全看不到的。

大家可能会不相信这件事。没关系，可以观察一下图2-16，自己验证一下：把这张图放在面前，然后捂住左眼，只用右眼盯住最左边箭头指示的蓝色小鸟，然后将头前后移动（注意要只用右眼紧盯住最左边的小鸟），这时会发现，在大多数情况下眼睛的余光是可以看到一块红色色块的（红色小鸟）。但是，在某一个位置，会突然看不见红色小鸟了。也就是说，在头移动到某一个位置的时候红色小鸟消失了，那么这时红色小鸟就在右眼盲区的位置。

看着这只鸟

图2-16　眼睛盲区位置检测 [13]

有的同学可能会感到疑惑：我们每天都在使用眼睛，为什么没有意识到眼睛有盲区？为什么在我们的视线范围内只有中间是能看清楚的，而周围看起是模糊的？我们推测有两种可能性：一种是我们的眼睛会不自觉地快速移动，并通过不停地扫视我们面前的东西来补齐不清楚或者看不到的区域；另一种是我们的大脑在不断地对不清楚或者看不到的区域进行"脑补"，去想象、补齐看不清或者看不到的区域。那么，究竟是哪一种可能性更大呢？我们认为第二种可能性更大一些。一个很显著的理由是，我们在生活中其实不太能观察到快速移动扫视的眼睛。

13　资料来源：https://novavision.com/we-all-have-it-the-blind-spot/. [2024-06-30].

回到图 2-13 给出的这个视频，为什么我们会看不到那只大猩猩呢？这其实跟一开始给大家布置的任务有关。当时的任务是"数一数白色衣服的人传了几次球"，大家的注意力就会放在篮球和篮球附近的人手的动作上，那么注意力所在的这个区域是大家可以清楚看到的。而在周边的区域中，这些人穿了什么颜色的衣服，什么颜色的裤子，包括他们到底是不是人，都处在我们的注意力的边缘，对于这些人，我们只能够感知到模糊的色彩或者形状，在我们的大脑中留下的是白色色块和黑色色块这样的信息。当大猩猩进入画面的时候，我们的注意力中心不在大猩猩身上，所以眼睛能看到的只是一块黑色色块，更精确地说，是一块类似于人的形状的黑色色块。而我们的大脑会根据经验得出：既然是黑色的，那肯定是一个穿黑衣服的人。这才导致了我们看不到这只黑猩猩（图 2-17）。

图 2-17　被忽略的黑猩猩[14]

相比于"看得见"，人类视觉的一大特性是善于发现画面背后的故事。其实，这在我们的视觉感知器官上也可以看出一些端倪：负责"看得见"的器官就是我们的眼球，相对来说，它是比较小的一个器官；而负责"看得懂"的器官是我们大脑里面的视皮质部分，它的体积相对于眼球来说是非常大的。

计算机视觉界的先驱大卫·马尔（David Marr）教授曾说："视觉可以

14　资料来源：http://www.theinvisiblegorilla.com/gorilla_experiment.html. [2024-06-30].

被理解为一个信息处理任务，用于将数值图像转变为一种面向形状的符号表示。"形象地说，视觉就是把图像转变成意义的一个过程，也就是我们所说的从"看得见"到"看得懂"。

AI 2.2　人类视觉与计算机视觉

　　大体上来看，人类视觉和计算机视觉的处理流程是非常相似的，都是从图像或者视频出发，通过感知设备和解读设备来最终形成对画面的理解。其不同之处在于，人类用的是眼睛和大脑来做感知与解读，而计算机用的是摄像头和处理器（图 2-18）。

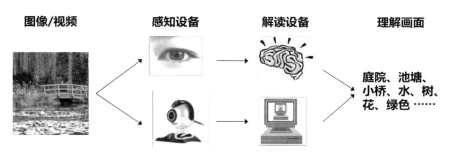

图 2-18　人类视觉与计算机视觉的对比 [15]

2.2.1　人类视觉

　　我们先来看一下人类是怎样解读视觉信号的。故事要从 1959 年说起，当时美国约翰斯·霍普金斯大学的胡贝尔（Hubel）和维泽尔（Wiesel）两位教授，通过测量猫大脑中视觉区域的电信号，发现猫的一些底层神经元在观看某个特定方向斜杠画面的时候会被激活，不同的神经元会被不同方向的斜杠激活（图 2-19）。这两位教授凭借这项工作在 1981 年获得了诺贝尔生理学或医学奖。

15　资料来源：http://vision.stanford.edu/teaching/cs131_fall1415/lectures/lecture1_introduction_cs131.pdf. [2024-06-30].

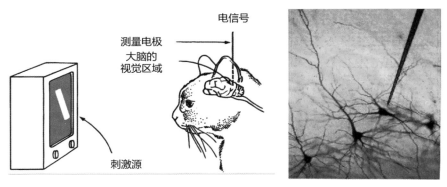

图 2-19　胡贝尔和维泽尔两位教授测量猫大脑中视觉区域对斜杠画面
电信号反应的实验[16]

　　一只猫的视神经对不同角度的线条会有反应,这件事为什么这么重要呢?这是因为,这一发现让人们逐渐认识到对画面的理解是分层级的。在观察到画面之后,我们最底层的视觉神经元——V1 神经元会负责检测出来画面的边缘和线条;然后,这些被检测出来的边缘和线条会被传递到更上层的 V2、V4、IT 神经元,逐渐组成形状、物体、人脸(如果存在的话),最终形成有语义的单元(图 2-20),比如一只猫、一把椅子、一个人等信息。

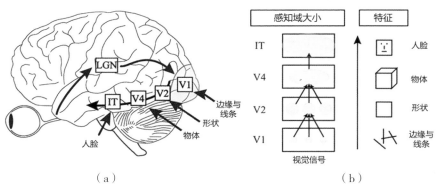

（a）　　　　　　　　　　　　　　　　　　（b）

图 2-20　视觉神经元的各个层级[17]

16　资料来源:https://hackmd.io/@cvbookclub/ryMf8dQrL. [2024-06-30].（左）
　　http://vision.stanford.edu/teaching/cs231a_autumn1112/lecture/lecture4_edges_lines_cs231a_marked.pdf. [2024-06-30].（右）

17　资料来源:Herzog M H, Clarke A M. Why vision is not both hierarchical and feedforward. Frontiers in Computational Neuroscience, 2014, 8, Article 135: 1-5.

2.2.2　计算机视觉

　　计算机视觉的发展很大程度上也是依赖于胡贝尔和维泽尔的发现的。与人类视觉不同，计算机视觉看到的并不是一张有色彩、明暗的图像，而是用数字表示的一个个像素的亮度，就像大家在图 2-21（b）中看到的一个个数字。数字越大，像素就越亮；数字越小，像素就越暗。

（a）人类看到的图像

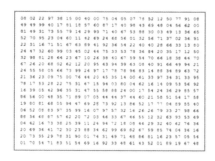

（b）计算机看到的图像

图 2-21　**人类与计算机所看到图像的对比**

　　再看看图 2-22 这个例子。我们发现，在图 2-22（c）的上半部分，基本上每格的数字都是 04，表示这部分对应的图案是很暗的；在中间（对应杯子的边缘）部分是 15、16、17、18，相对来说亮一些；下半部分从右到左数字由 12 逐渐降到 04，这是一个从明到暗的过程。

　　为了解读这样的单纯由数字组成的图像，计算机科学家仿照在猫脑（类人大脑）中发现的视觉神经，设计了一些各个朝向的滤波器。所谓滤波器，简单地说，其实就是一道道不同方向的条纹。在处理图像的时候，我们就把这些条纹缩得比较小，然后一格一格地在要处理的图像上面扫过去。在扫的过程中，当遇到图像的内容与当前滤波器条纹比较接近时，就在这个位置记录一个比较大的数字；反之，当相差比较远时，就记录一个比较小的数字。一张图像经过一个滤波器处理之后，就会得到一张所谓的激活图，如图 2-23（b）中最左边的图像经过 Gabor 滤波器后可得到最右边的激活图。

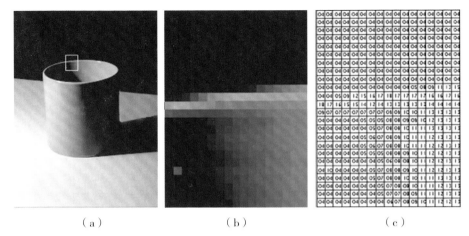

（a） （b） （c）

图 2-22 杯子的像素亮度[18]

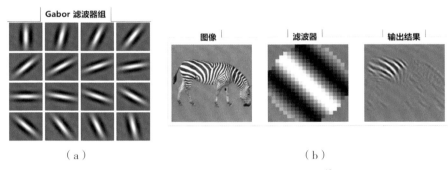

（a） （b）

图 2-23 Gabor 滤波器及其处理过程[19]

　　每个滤波器都会对应一张激活图，用来表示这个滤波器在图像的哪个位置被激活了，或者说这个滤波器与图像的哪些地方比较像。底层的滤波器其实就对应了前面所提到的在猫脑及人脑中发现的 V1 神经元，再往上就可以依据已有信息逐渐地组合成有语义的部件、物体，最终形成携带语义的信息。计算机科学家仿照人脑的多层级结构，把这样的滤波器堆叠起来，最终形成

18　资料来源：https://becominghuman.ai/from-human-vision-to-computer-vision-a-brief-history-part2-4-fcb1565d5492. [2024-06-30].

19　资料来源：https://medium.com/@anuj_shah/through-the-eyes-of-gabor-filter-17d1fdb3ac97. [2024-06-30].

一个仿照人脑图像理解的算法。这样的算法已经可以检测出并且定位到一只
猫的脸以及猫脸的左上、右上、左下、右下四个部分 [图 2-24（b）]。

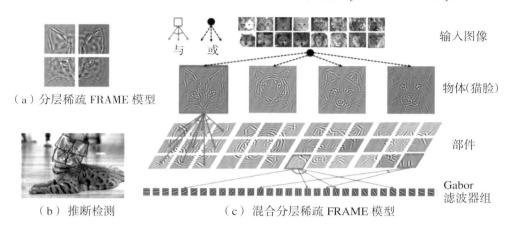

（a）分层稀疏 FRAME 模型

（b）推断检测　　　　　　　（c）混合分层稀疏 FRAME 模型

图 2-24　计算机视觉中的目标检测任务：猫脸位置检测 [20]

　　这其实就是计算机视觉中的目标检测任务，在图像当中找到目标物体的
位置。除了目标检测任务，还有一些比较简单的计算机视觉任务，包括图像
分类、目标定位、目标分割等。这些任务的区别，其实就是精细度的区别，
这从图 2-25 中可以看出来。目前，最新的图像分割算法的精度已经非常接
近人类视觉的水平。

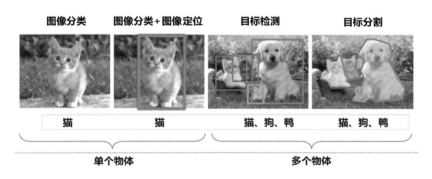

图 2-25　不同计算机视觉任务示意 [21]

20　资料来源：https://ieeexplore.ieee.org/iel7/8097368/8099483/08099692.pdf. [2024-06-30].

21　资料来源：https://prvnk10.medium.com/cnn-architectures-ecefaa2359ff. [2024-06-30].

除了图像分类和目标分割等任务之外，计算机视觉还有很多非常神奇的研究内容，例如三维人体姿态估计，也就是根据一张二维图像或者一段二维视频，把三维的人重建出来（图 2-26）。对于这样的工作，关注体育的同学可能在 2022 年卡塔尔举办的国际足联世界杯比赛上已经看到了。在 VAR 系统（电子辅助的越位检测系统）就用到了这种技术。

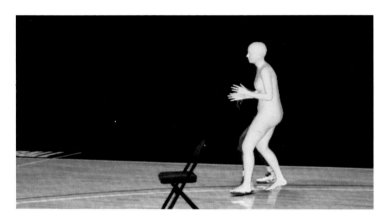

图 2-26　人体姿态估计[22]

AI 2.3　计算机视觉的起源与挑战

2.3.1　计算机视觉的起源

计算机视觉是一个非常年轻的学科。其实，从有计算机算起到现在，时间也不长。

在计算机视觉领域有一个非常传奇的项目，就是麻省理工学院人工智能实验室的马文·明斯基（Marvin Minsky）教授在 1966 年给学生布置的一个暑期项目：将摄像机连接到计算机上，让计算机来描述它所看到的东西（图 2-27）。相传这是计算机视觉领域的第一个研究项目。

22　资料来源：https://mps-net.github.io/MPS-Net/. [2024-06-30].

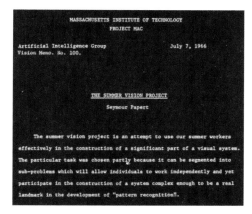

图 2-27　马文·明斯基（麻省理工学院人工智能实验室负责人）及其在 1966 年给学生布置的一个暑期项目的书面档案[23]

　　需要注意的是，1966 年的摄像机可不是现在的摄像机，1966 年的计算机也不是现在的计算机。暑期项目的前半部分看起来好像没有那么复杂，就是把摄像机插到计算机上而已，但在当时这已经是一个比较复杂的工程问题了（因为当时的摄像机不是 USB 摄像机）。然而，真正有难度的还是后半部分"让计算机来描述它所看到的东西"。直到今天，研究人员还在努力让计算机能够更准确、更全面地描述它所看到的东西。相传这个项目是计算机视觉的起点，其实相关人员，包括这位麻省理工学院人工智能实验室的负责人，在这个项目之前已经做了非常多关于人工智能和计算机视觉的研究，只是这个项目可能比较早留下了书面档案。

　　围绕该项目，相关研究人员在 1970 年给出了一段演示视频，我们可以从中看到早期的计算机视觉都有哪些能力；还可以看到，计算机在 1970 年已经能够识别一些简单三维物体的棱角和边界，也可以依照这些棱角和边界简单识别一些三维物体的形状，比如识别一个立方体（图 2-28，视频在本讲的时段：00:24:10—00:24:40）。

23　资料来源：https://zh.wikipedia.org/wiki/%E9%A9%AC%E6%96%87%C2%B7%E9%97%B5%E6%96%AF%E5%9F%BA. [2024-06-30].（左）
　　　https://dspace.mit.edu/bitstream/handle/1721.1/6125/AIM-100.pdf?sequence=2&isAllowed=y. [2024-06-30].（右）

视 频

图 2-28　关于计算机视觉项目研究的一段演示视频

从 1966 年的暑假项目到现在，计算机视觉研究已经取得了非常大的进展。比如，计算机视觉已经能够把物体的分类、检测甚至分割都做得非常好了。但是，计算机视觉领域现在仍然面临非常多的挑战，等着我们一起去解决。

2.3.2　计算机视觉的挑战

请大家先看图 2-29。在我们看这张图像的时候，除了能把人、桌椅、水杯、水壶等物体解读出来之外，我们还能解读出更多、更复杂的信息。

图 2-29　图像解读（一）

比如，我们可以看到一个女孩正在看着杯子，她的动作是在倒水，可能是因为她口渴了，想要喝水；我们注意到女孩旁边有一个滤水壶，这个滤水壶里有过滤干净的水，但她倒电热水壶里的水，可能是因为她想喝热水；我们可以看到在女孩的左边有橱柜，上面和里面都可以放很多东西，这时我们还可以想象出当人跟这些东西交互时，人的姿态是什么样子的；我们还可以看到，橱柜和茶几相隔一两米左右，这是从门到女孩前面桌子的走道的宽度，然后可以推测出椅子腿的高度大概是 0.5 米，门的高度大概是 2 米；等等。那么，这些复杂的信息是否应该被解读，什么时候应该被解读，什么时候应该被忽略，以及如何解读，都是尚未解决的问题。所以说，计算机视觉的一个挑战是解读出复杂信息。

为了让大家能够对图像解读问题有一个更好的理解，请大家自己尝试一下，看看从图 2-30 中可以解读出什么信息。

- 集市
- 人
- 车、水果、遮雨棚
- 下雨天
- 交互
- 距离
- 大小
- 相机位置
- ……

图 2-30　图像解读（二）

我们可以看到，这是一个果蔬集市，有很多人，有车、水果、遮雨棚等，且当时是一个下雨天；甚至可以判断这是在一个东南亚的热带国家，可能是在一个旅游城市里；我们可以看到正在下雨，可以想象出雨水打在地面、树叶和棚顶的声音，可以想象出雨水激发出的泥土味道；我们可以推测出靠近镜头的这两个人在干什么（左边的人大概率是店主，可能正在招揽顾客；而右边的人大概率是游客，他对这个集市并不感兴趣，正在往前走）；我们也可以推测出整个场景的三维结构、什么东西大概在什么地方、人和人之间的距离大概是多少；我们还可以推测出整个场景的概况以及相机在这个场景的大概位置。这么多信息是否都是我们需要的？在我们需要的时候，如何解读出这些信息？这些都是需要我们去解决的问题。

计算机视觉的另一个挑战是视错觉。图 2-31（a）是一个经典的视错觉例子——艾姆斯（Ames）小屋错觉：身高差不多的几个人，进了小屋之后，他们的体型看起来好像相差了一倍。我们其实可以推测出来，这可能是因为这间小屋与普通小屋的结构不一样，就像图 2-31（b）所展示的那样。

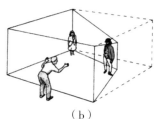

（a）　　　　　　　　　　　　　　　（b）

图 2-31　一个经典的视错觉例子——艾姆斯小屋错觉 [24]

但是，一个好的计算机视觉系统能不能发现这个问题呢？其实，当前的计算机视觉系统是发现不了的。理想中一个完美的计算机视觉系统应该能够发现这间小屋左右两边的人的体型悬殊，进而发现唯一能解释这个现象的原因是小屋本身有问题，它会让我们产生视错觉。

计算机视觉还有一些挑战，比如视角变化。对于同一个人或者相似的人，我们从不同的视角去看，其形象、色彩、明暗等都会有非常大的变化（图 2-32）。一个好的计算机视觉系统需要像人类一样，能够从这些视角变化中找到其中不变的特征，来区分哪些是人脸以及哪些是同一个人的脸。

24　资料来源：https://vanessawilgeroth.wordpress.com/2017/02/05/ames-room-illusion/. [2024-06-30].

图 2-32 不同视角的米开朗琪罗[25]

　　会造成形状、色彩和明暗变化的，还有肌肉和骨骼的动作，像徐悲鸿所画的著名的《六骏图》里就展示了非常多这种由动作带来的变化（图 2-33）。

　　同样，光照、环境也会对画面造成非常大的改变（图 2-34）。比如，图 2-34（b）就比较明显地呈现了对同一个人的脸打不同的光以及打不同角度的光时，所表现出来的人的形象是非常不同的。

图 2-33 徐悲鸿的《六骏图》[26]

25　https://kevinzakka.github.io/2017/01/18/stn-part2/. [2024-06-30].

26　https://global.chinadaily.com.cn/a/201801/23/WS5a66cca8a3106e7dcc136075.html. [2024-06-30].

（a）

（b）　　　　　　　　　　　　　　　　（c）

图 2-34　光影明暗的不同效果 [27]

在物体运动的速度过快，比相机快门的速度还要快的时候，还会出现如图 2-35 所示的动态模糊现象。我们希望能够从动态模糊的画面中恢复出大致的静态图像，甚至能够根据一些模糊的画面恢复出造成动态模糊的运动轨迹，但这在现在的算法中是缺失的。这也是计算机视觉的挑战。

图 2-35　动态模糊现象 [28]

27　资料来源：http://6.869.csail.mit.edu/fa12/notes/chapter_01_simplesystem.pdf. [2024-06-30].（上）

　　Georghiades A S, Kriegman D J, Belhurneur P N. Illumination cones for recognition under variable lighting: Faces. 1998 IEEE Computer Society Conference on Computer Vision and Pattern Recognition. Santa Barbara, 1998.（下左）

　　http://w4731.cs.columbia.edu/slides/lec12.pdf. [2024-06-30].（下右）

28　资料来源：http://onebigphoto.com/photo-of-sparrow-taken-at-the-right-moment/. [2024-06-30].（左）

　　https://www.grantatkinson.com/blog/panning-motion-blur. [2024-06-30].（右）

　　另外一种情况是存在隐藏的信息，就像图 2-10 显示的缺失的三角形（隐藏的三角形）那样。比如，图 2-36 的左上角有一个隐藏的三角形，左下角有一个隐藏的球；右上角有一根被白色蛇形图案缠绕的柱子，右下角有一个被白色蛇形图案穿过的倾斜平面。

图 2-36　隐藏的信息[29]

　　还有的图像是故意不按常理出牌的情景画面。比如，从图 2-37（a）展示出来的画面，我们推测这可能是一个办公室的场景，图中的人正在打电话，他面前是键盘、鼠标及显示器，但其实他手里拿的是皮鞋，面前放的是键盘、垃圾桶和订书机 [图 2-37（b）]。对于这样的图像，现在一个普通的计算机视觉系统还不能够解读它的实际含义，但是一个好的计算机视觉系统应该能够"看"出来并解读出来。图 2-37（b）是仿照一个办公室场景制作的一个玩笑类图像，解读这样的图像也是一个挑战。

　　计算机视觉系统还面临一个非常大的挑战，就是事物是有多样性的，比如人的动作、各种物体都是有多样性的。举一个简单的例子，日常生活中我们经常会见到各种凳子和椅子，它们都有相似的功能：人可以坐在上面休息。通常将它们归属为同一类物体，我们可以将其定义为"椅子"，但是它们的形状、颜色、样式（包括会不会动），以及人和它们的交互等属性，都是各种各样甚至千奇百怪的（图 2-38）。那么，我们如何才能够识别一把"椅子"

29　资料来源：https://zh.m.wikipedia.org/wiki/File:Reification.svg. [2024-06-30].

呢？

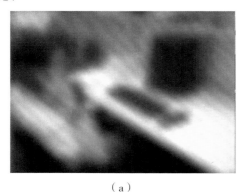

（a）

（b）

图 2-37　不按常理出牌的情景[30]

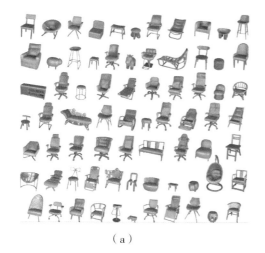

（a）

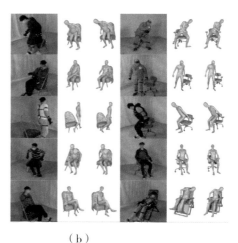

（b）

图 2-38　计算机视觉中的事物多样性挑战：识别"椅子"[31]

　　当把一块大石头放在客厅里的时候，若人可以坐在上面，且它也是为了让人坐在上面休息而放在那里的，它是不是一把"椅子"？对同样一块石头，若扔在乱石岗上，它还是不是"椅子"呢？由此受到启发，我们采集了大量的人和"椅子"交互的数据，对人和"椅子"的交互予以建模，然后分析、

30　资料来源：https://cs.brown.edu/courses/cs143/2013/lectures/33.pdf. [2024-06-30].

31　资料来源：https://jnnan.github.io/project/chairs/. [2024-06-30].

回答问题：究竟什么是"椅子"？什么是"坐"？

AI 2.4　两类计算机视觉任务

当前，计算机视觉的研究主要在做两类任务：快系统任务和慢系统任务。快系统和慢系统这个说法来自认知心理学家丹尼尔·卡内曼（Daniel Kahneman）的著作《思考快与慢》。推荐感兴趣的同学去读一下这本书。在该书中提到，人类的大脑里面有两套思维决策系统：快系统和慢系统（图2-39）。快系统是依靠经验去做决策的，它的特点是决策速度非常快，通常适用于非常简单的、常见的任务。举一个例子，在问2+2等于几的时候，你根本不用思考，也不用推理，就可以知道2+2=4，因为已经记住它了。

慢系统则依靠逻辑推理，相对来说决策比较慢一些，更适合比较复杂的任务。比如，当问142×173等于多少时，你不太可能是通过记住其结果而非常快地给出一个答案，而是通过相对比较慢的过程——计算（推理）来得到其结果的。

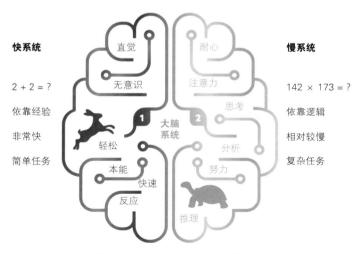

图2-39　大脑的快系统和慢系统

这里所说的快系统和慢系统，其实对应的也并不完全是绝对意义上的时间快慢，更多的是看完成任务依靠的是经验还是逻辑推理。比如，当我们做数学试卷时，做题的过程中一般调用的是慢系统，要一点一点地推理；而在把答案写到答题纸上的时候，调用的则是快系统，"写"这个过程虽然慢，但它是不需要思考的。

同样，计算机视觉的系统其实也分快、慢两类（图 2-40）。快系统对应的任务包括图像分类、目标检测、目标分割之类的任务。一般来说，即使人去做这些事情，也是根据经验去完成的，不需要思考。而慢系统对应的任务包括三维重建、视觉推理、意图识别之类比较复杂的任务。显然，人在完成这些任务时需要复杂的逻辑推理，也需要大脑更多地参与判断。

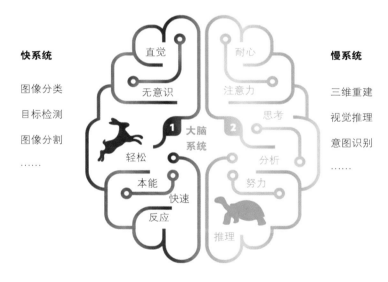

图 2-40　计算机视觉的快系统和慢系统

图 2-41 展示了一个三维场景重建的例子，这是我们实验室的研究工作：首先，根据一张三维图像，利用算法检测出这张图像里的一些边缘；然后，根据这些边缘去推理哪些边缘可以组成一个平面，这些平面之间的三维几何关系是什么；最后，根据这些信息，推理出整个场景的三维结构（视频在本讲的时段：00:34:50—00:35:35）。

视 频

图 2-41 三维场景重建：结构推理[32]

AI 2.5 计算机视觉前沿技术

本节主要展示计算机视觉的一些前沿技术及其应用，请大家在体会的同时也思考一下，每一项技术分别对应的是快系统还是慢系统。答案也不一定是绝对的，主要判断的依据还是看人在做同样任务的时候，是需要逻辑推理，还是完全依靠经验去完成这项任务。

第一项计算机视觉前沿技术叫作神经辐射场，它是通过对同一个场景扫描或拍摄不同角度的多张照片，比如几百张照片，然后根据这几百张照片，对场景进行比较密集的、完整的三维重建。我们可以利用这项技术合成同一个场景的全新的视角图，即在几百张照片里没有出现过的视角图。这项技术可以应用在街景地图或虚拟现实中，让人觉得进入一个真实的场景，有身临其境之感。

---

32 资料来源：Zhao Y-B, Zhu S-C. Image parsing via stochastic scene grammar. 24th International Conference on Neural Information Processing Systems, Denver, 2011.

第二项计算机视觉前沿技术是通过视频恢复精细的双手动作。我们从图 2-42 所给的视频可以看到恢复出来的双手动作和人手动作重合的精确度非常高（视频在本讲的时段：00:36:47—00:37:20）。这项技术在虚拟现实领域中非常有用，未来让大家戴上虚拟现实投显设备后，就不需要再拿着控制器或遥控器，可以直接用双手做出各种不同的动作，这时虚拟世界里的"你们"也就会相应地做出同样的动作。

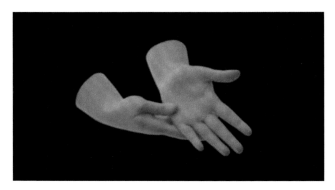

视 频

图 2-42　双手动作的追踪恢复[33]

第三项计算机视觉前沿技术是图像风格迁移，就是把一张图像的风格转换成另一种风格的技术。这项技术可以把照片转换成莫奈或梵高油画风格的图像，也可以把图像中的马转化成斑马，或者把斑马转化成马，甚至可以把夏天的风景转化成冬天的风景，或者把冬天的风景转化成夏天的风景，等等（图 2-43）。若登录一些短视频平台，可能会看到把人像变成动画的效果，这一类特效用的就是这项技术。

第四项计算机视觉前沿技术也非常有意思，它就是隔墙人体姿态估计：通过分析室内无线信号的变化来估计阻挡信号的人的位置和姿态（图 2-44，视频在本讲的时段：00:38:03—00:38:30）。因为无线信号可以穿墙，所以这项技术可以隔墙完成透视，使得墙后面的人可以被看到。这项技术可能在刑侦、军事方面会有比较多的应用。

33　资料来源：Smith B, Wu C-L, Wen H, et al. Constraining dense hand surface tracking with elasticity. ACM Transactions on Graphics, 2020, 39(6): 1–14.

莫奈油画风格 ⟳ 照片　　　斑马 ⟳ 马　　　夏天 ⟳ 冬天

莫奈油画风格 → 照片　　　斑马 → 马　　　夏天 → 冬天

照片 → 莫奈油画风格　　　马 → 斑马　　　冬天 → 夏天

照片　　　莫奈油画风格　　梵高油画风格　　塞尚油画风格　　浮世绘风格

图 2-43　图像风格迁移 [34]

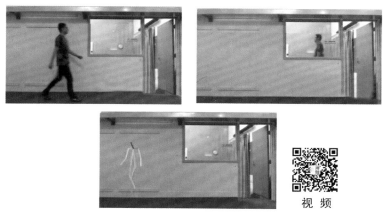

视 频

图 2-44　隔墙人体姿态估计 [35]

　　这里我们也介绍一下北京通用人工智能研究院近两年在人体行为领域所做的一些工作，这些工作主要集中在三维动作生成和动作理解上（图 2-45，视频在本讲的时段：00:38:30—00:38:56）。我们通过分析视频里的一些物理

34　资料来源：Zhu J-Y, Park T, Isola P, et al. Unpaired image-to-image translation using cycle-consistent adversarial networks. 16th IEEE International Conference on Computer Vision, Venice, 2017.

35　资料来源：Zhao M-M, Li T-H, Abu Alsheikh M, et al, Through-wall human pose estimation using radio signals. 31st IEEE/CVF Conference on Computer Vision and Pattern Recognition, Salt Lake City, 2018.

关系，在能够识别人动作的同时，还能够生成比较高质量的动作。

图 2-45　动作生成与理解[36]

　　在基于交互行为理解的动作预测与生成方面，我们也开展了一些研究工作：图 2-46（a）是通过对行为的理解实现对人行为预测的一项研究工作，图 2-46（b）则是通过对场景的理解来生成机械臂动作的一项研究工作。

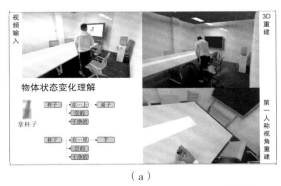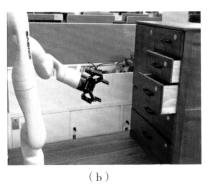

（a）　　　　　　　　　　　　　（b）

图 2-46　基于交互行为理解的动作预测和生成的两项研究工作[37]

36　资料来源：Wang Z, Chen T-X, Liu F Y, et al. HUMANISE: Language-conditioned human motion generation in 3D scenes. 36th Conference on Neural Information Processing Systems, Electr Network, 2022.

37　资料来源：Geng H-R, Xu H-L, Zhan C-Y, et al. GApartNet: Cross-category domain-generalizable object perception and manipulation via generalizable and actionable parts. 2023 IEEE/CVF Conference on Computer Vision and Pattern Recognition, Vancouver, 2023.

计算机视觉技术有非常广阔的应用空间，可应用于很多领域，比如自动驾驶、体育、农业、安防、医疗、教育、时尚、摄影等等（图 2-47）。

自动驾驶　　　　　体育　　　　　　农业　　　　　　安防

医疗　　　　　　教育　　　　　　时尚　　　　　　摄影

图 2-47　计算机视觉技术的众多应用领域

这里举几个简单的例子。首先是刷脸支付（图 2-48），可能有些同学已经体验过了。这项技术就包括了人脸识别技术：要判断拍到的这个用户对应的是后台哪一个账户；还要通过一个被称为"活体检测"的技术来确认所拍到的这张人脸，是一个真人的脸，而非一张人脸照片。

图 2-48　刷脸支付[38]

38　资料来源：https://finance.sina.cn/2017-09-01/detail-ifykpzey3582339.d.html?from=wap. [2024-06-30].

2002 年，美国《国家地理》杂志通过虹膜匹配技术找到了 18 年前（也就是 1984 年）所拍摄的一名阿富汗少女，并记录下了战火对她的影响（图 2-49）。

图 2-49 美国《国家地理》杂志所寻找的 18 年前的少女 [39]

谷歌公司 2023 年推出了一个图片搜索功能。一般的图片搜索工具，多数都是通过输入关键字去搜索图片，或者通过输入一张图片去搜索一些看起来相似的图片。谷歌公司的图片搜索功能的特点是什么呢？它先识别图片中的语义特征，然后进行语义层面的图片搜索。比如，通过拍摄输入一张郁金香的照片，则搜索出来的不是跟这张郁金香照片构图和颜色比较像的郁金香或其他花的照片，而是很多的郁金香照片（图 2-50）。

计算机视觉技术还可以应用于影视特效的制作。图 2-51 展示的是电影《黑客帝国》的截图，在这一幕里同一个角色（史密斯特工）重复出现了很多遍：几十个史密斯特工同时出现在同一个画面里，每个的动作都不一样。在拍摄的过程当中，他们其实都是由不同的演员扮演的，再通过人脸关键点的匹配

39　资料来源：https://www.cl.cam.ac.uk/~jgd1000/afghan.html. [2024-06-30].

以及三维模型的生成，最后做高质量的后期渲染完成这一特效。这里用到了计算机视觉和计算机图形学的技术。

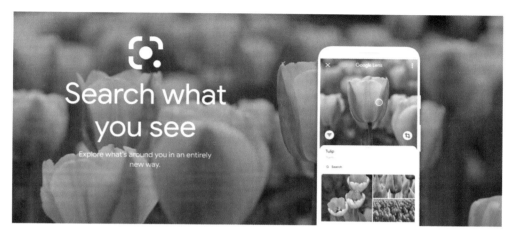

图 2-50　谷歌的照片搜索

图 2-51　电影《黑客帝国》场景特效[40]

　　计算机视觉技术在虚拟现实中也有很大的应用空间。比如，通过计算机视觉技术，可以对双手动作进行追踪检测，可以对人体的三维姿态进行重建，等等（图 2-52）。进一步，就可以通过摄像头把人整体的形象都投放在虚拟现实当中，这也是通过计算机视觉技术实现的。

40　资料来源：http://vision.stanford.edu/teaching/cs131_fall1415/lectures/lecture1_introduction_cs131.pdf. [2024-06-30].

图 2-52　虚拟现实场景[41]

　　计算机视觉技术还在探索宇宙中起到非常大的作用。这可能是有些同学没有想到的。2019 年，美国国家航空航天局（NASA）拍摄了一张黑洞照片，其实开始拍摄到的并不是这样一张可见的图像，它是后期融合而成的：科技人员应用了非常多且复杂的计算机视觉技术，才把前后数年间所拍摄到大量低分辨率的电磁波信号融合形成这一张图像（图 2-53）。

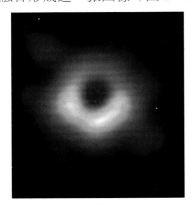

图 2-53　黑洞成像[42]

41　资料来源：https://beatsaber.com/. [2024-06-30].

42　资料来源：https://www.jpl.nasa.gov/edu/news/2019/4/19/how-scientists-captured-the-first-image-of-a-black-hole/. [2024-06-30].

NASA 有一个"火星车"项目,从图 2-54 可以看到,在火星车上搭载了非常多设备,包括各种摄像头雷达、光谱仪等,它们是火星车的"眼睛"。这些设备会拍摄或接收到非常多信息,那么如何融合这些信息,如何有效地利用它们去决策,以及如何把这些信息高效地传送回地球,这些问题的解决都需要计算机视觉技术做加持。

图 2-54　火星车

思考题 >>

人类的视觉系统大量依赖于"脑补"而不是清晰的视觉输入。为什么人类没有进化出类似于相机那样能完美捕获所有视觉信号的视觉系统,而要依赖于这样一套会出错的系统呢?

赵 东 岩

北京大学王选计算机研究所研究员，博士生导师。主要研究方向为自然语言处理、大规模语义数据管理、基于知识的智能服务技术。承担国家自然科学基金项目、国家重点研发计划项目等国家级项目 17 项，主持科技创新 2030——"新一代人工智能"重大项目等国家级项目 8 项，发表学术论文 200 余篇（其中发表于 ACL、NeurIPS、AAAI、IJCAI 和 *AI Journal*、*TOIS*、*TKDE* 等 CCF A 类会议和期刊 80 余篇），授权发明专利 23 项，先后 7 次获得国家级和省部级奖励。

第三讲

语言与机器的火花碰撞
——自然语言处理

　　什么是语言？文字是如何产生的？计算机如何表示和理解文字？这一讲以语言和文字的基本知识为基础，讲解人工智能的主要研究方向之一——自然语言处理的概念和主要任务，并以对话为例，介绍自然语言处理的前沿研究问题。

AI 3.1　语言：简洁的复杂

自然语言处理是什么呢？大家可能都看过科幻小说或者电影，里面经常会有这样的经典场景：一个可爱的或者很酷的机器人跟主人公相伴相随，陪主人公聊天，回答主人公的问题，帮助主人公做一些事情。这个机器人可以流畅地用自然语言与主人公进行交流，所使用的技术就来自自然语言处理。自然语言处理，是用计算机来对自然语言进行理解和生成的一个研究方向，它的研究对象是自然语言，即人们日常交流所用的语言。

3.1.1　无处不在的语言

自然语言是一组符号，每种自然语言都有统一的发音、书写及字词组合的规范，以便大家相互交流和沟通。比如，老师讲课、同学们听课用的就是自然语言。除特殊说明外，本讲所提及的语言均指自然语言。

语言是简洁的，因为语言只有有限的发音、文字以及字符。比如，大家如果掌握了一千多个汉字，就可以自由流畅地进行日常的沟通与交流。说语言是复杂的，是因为通过字词、语气和语调的组合，语言可以表达出丰富多样的意思和情感。语言运用得当，会给人留下交流非常舒畅的印象，取得良好的沟通效果；如果运用得不好，则会产生歧义，闹出误会，甚至引起冲突。因此，我们说语言属于简洁的复杂。

语言之所以重要是因为它无处不在（图 3-1）。人们主要以声音或者文字的形式来进行语言的交流。但是，也有一些特殊的语言形式，比如手语，它通过手势进行交流。也正是因为语言的重要性，自然语言处理在人工智能及整个信息领域非常重要。

在我们的生活中有很多基于自然语言处理技术的工具，比如 AI 语音助手、导航系统等，我们可以通过这些工具跟计算机和智能产品进行沟通，完成我们所要做的事（图 3-2）。自然语言处理技术还包括机器翻译、检索系统、知识图谱等。

图 3-1 无处不在的语言[1]

图 3-2 AI 语音助手[2]

1 资料来源：https://www.vcg.com/creative/810911043. [2024-06-30].（左上）
https://www.vcg.com/creative/817330123. [2024-06-30].（中上）
https://www.vcg.com/creative/1000302894）. [2024-06-30].（右上）
https://www.vcg.com/creative/1007219952. [2024-06-30].（左下）
https://www.vcg.com/creative/1285165033）. [2024-06-30].（中下）
https://www.vcg.com/creative/1141951198）. [2024-06-30].（右下）

2 资料来源：https://www.digitaling.com/projects/99602.html. [2024-06-30].（左上）
https://baijiahao.baidu.com/s?id=1783950547203013937&wfr=spider&for=pc. [2024-06-30].（右上）
https://www.sohu.com/a/534028298_120075100. [2024-06-30].（左下）
https://t.cj.sina.com.cn/articles/view/5728560566/15572e5b601900hn6a. [2024-06-30].（右下）

理想中的人工智能应该是这样的：有一个机器人，它可以实时地陪伴你，帮你解答问题，帮你做一些原来做不到的事情，成为你的"三头六臂"。实现这些功能的技术都涉及语言的理解和生成，因此它们都是基于自然语言处理技术的。

但现实中人工智能的技术还达不到理想的程度。以人工智能对话系统为例，如图 3-3 所示，使用者说的是"帮我找到手机"，但是它却理解成"找到什么是手机"这样一个关于"手机"概念定义的问题。当使用者再进一步说"帮我找到我的手机"时，它就用字词匹配的方式找到了匹配度最大的《我的世界手机版》，将其内容推送给使用者，让人觉得哭笑不得。出现这种情况的原因是自然语言处理技术还不够完备，而更深层的原因在于语言非常复杂。

图 3-3　展示语言复杂性的一个例子 [3]

3.1.2　复杂的语言

下面再举几个例子说明语言的复杂性。首先，请看如下四句话：

3　资料来源：https://user.guantcha.cn/main/content?id=179515. [2024-06-30].

（1）一行行行行行，一行不行行行不行。

（2）来到杨过曾经生活的地方，小龙女说："我也想过过过儿过过的生活。"

（3）雨天骑自行车，车轮打滑，还好我反应快，一把把把把住了。

（4）来到儿子等等等校车的地方，李亮对妻子说："我也想等等等等等过的那辆车。"

第一句中字不多，但是其中有 10 个"行"（读"xíng"或"háng"）字。因为行是多音字，不同的发音代表了不同的意思，所以如果让计算机理解会存在一定的难度。其他几句也存在同一个字表示不同意思的问题。

再看下面这些对话：

顾客："豆腐多少钱？"

老板："两块。"

顾客："两块一块啊？"

老板："一块。"

顾客："一块两块啊？"

老板："两块。"

顾客："到底是两块一块，还是一块两块？"

老板："是两块一块。"

顾客："那就是五毛一块呗。"

为什么会产生上面对话中的误会呢？这主要是因为，顾客想的是"买豆腐"，他把"两块一块"和"一块两块"分别理解为"两块豆腐，一块（钱）"和"一块豆腐，两块（钱）"；而老板想的是"卖豆腐，收钱"，他把"两块一块"和"一块两块"分别理解为"两块（钱），一块豆腐"和"一块（钱），两块豆腐"。他们的心理设定是不一样的，缺乏共识才会产生这样的误会。这就体现了语言的复杂性。

从应用场景上说，除了简单的文字交流场景，语言交流还会涉及多种模态，如图片、视频和语音。在这样的情况下，无疑会增加语言的复杂度，从而也给自然语言处理带来挑战。比如，对于图 3-4 所示的一个踢足球的场景，计算机必须理解其中相应的人物、场景和事件，才能够准确地进行对话，达到有效交流的目的。

问：他们现在在做什么？
答：踢足球
问：图中有多少球员？
答：4人
问：正在踢球的是谁？
答：里奥·梅西
问：事情发生在什么时候？
答：2022年12月14日

图 3-4　准确的语言对话：基于一个踢足球的场景[4]

从粒度上讲，语言的最小单位是字或者词，再大的就是短语、句子、段落乃至基于情景的篇章。基于大千世界多样化文化所形成的这个语言的集合，对应于粒度，跟语言理解相关的要素有词法、词义、语义、语境和语用等多个层次的涉及语义的知识点，因此实现自然语言处理面临多层次、多维度的语言理解和综合运用问题（图 3-5）。

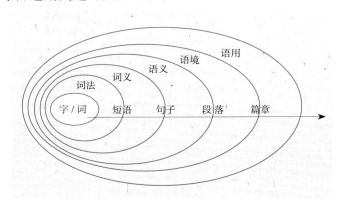

图 3-5　语言的粒度及相对应的语言理解相关要素

4　资料来源：https://1118.cctv.com/2022/12/15/ARTIOfEc9QwMowJtQYp4yj8n221215.shtml. [2024-06-30].

AI 3.2 文字：符号的演绎

自然语言处理中理解和生成的对象主要是文字。文字是语言的重要表达方式，绝大多数知识和信息是用文字来表达的。因此，自然语言处理主要研究基于文字的语言理解和生成。

3.2.1 汉字的产生

下面我们以汉字为例简单介绍文字的发展历史以及文字和语言交流的关系。文字是由零星的个别符号逐渐积累，达到一定数量之后，再通过人为规范而形成的一种符号体系。图 3-6（a）是人类最早的象形文字——楔形文字，图 3-6（b）是我国台湾学者廖文豪整理的汉字的相互关系和历史演化传承树——汉字树。

（a）楔形文字　　　　　　　　　　（b）汉字树

图 3-6　楔形文字和汉字树[5]

汉字是目前使用历史最长、使用人数最多的文字。它起源于记事的象形图画，其造字法有六种（又称六书），包括象形、指事、形声、会意、假借和转注。

5　资料来源：https://baike.baidu.com/pic/ 楔形文字 /1939312/1/4034970a304e251f95caef06c7d0de177f3e6609f58d?fromModule=lemma_top-image&ct=single#aid=1&pic=4034970a304e251f95caef06c7d0de177f3e6609f58d. [2024-06-30].（左）

廖文豪 . 汉字树 . 北京：北京联合出版公司，2013.（右）

象形文字是独体图画文字，表达物体的外形特征。图 3-7（a）以象形文字"鱼"为例给出了汉字的演变过程：甲骨文→金文→小篆→隶书→楷书→草书→行书；图 3-7（b）、（c）列出了一些象形文字的演变过程。从中我们可以看到，演变到隶书的时候，汉字的框架结构基本稳定了。隶书在秦朝就已经产生了，因此从那个时候到现在 2000 多年，汉字的框架结构都是基本稳定的。

（a）   （b）   （c）

图 3-7   象形文字的演变过程 [6]

指事文字属于独体字，含有一些比较抽象的部分，用以表示某种意义。比如，图 3-8 中指事文字"刃"中的一点就代表了抽象的部分，用这一点来表示"刀上面锐利的刀锋"。

上   寸   本   刃

图 3-8   指事文字 [7]

下面举一个会意文字的例子。会意文字不是独体字，是由两个或者多个

6 资料来源：https://wapbaike.baidu.com/tashuo/browse/content?id=82a3cad5fc731014648fe790. [2024-06-30].（左）

https://mp.weixin.qq.com/s/-wSYLu-XvOrsST8_KEUa-Q. [2024-06-30].（中、右）

7 资料来源：http://xh.5156edu.com/hzyb/a1674b62105c94177d.html. [2024-06-30].（左 1）

http://xh.5156edu.com/hzyb/a4903b43181c48029d.html. [2024-06-30].（左 2）

http://xh.5156edu.com/hzyb/a11403b68757c90831d.html. [2024-06-30].（左 3）

http://xh.5156edu.com/hzyb/a1928b82512c37614d.html. [2024-06-30].（左 4）

独体字组成的文字，参见图 3-9。大家可以通过多个组成部分之间的相互关系来理解这种文字的意思，即会意。

对于其他三种造字法，感兴趣的同学可以查阅相关的资料。

看　　　　睡　　　　男　　　　劳　　　　耐

图 3-9　会意文字[8]

古埃及文字是世界上最古老的文字（图 3-10），是在公元前 3100 年左右产生的。中国的甲骨文是什么时候产生的呢？甲骨文是在公元前 1000 多年的商朝时期产生的。

图 3-10　古埃及文字[9]

3.2.2　语言的产生

语言的作用是什么？语言的基本作用是沟通。也就是说，语言是为沟通而产生的。那么，语言是如何产生的呢？

我们先来介绍一部有趣的电影——《降临》：这是 2016 年上映的一部科

8　资料来源：许慎.说文解字.北京：中华书局，1963.

9　资料来源：https://baike.baidu.com/pic/ 古埃及文 /60558523/1/caef76094b36acafee300f5576d9
8d1000e99c43?fromModule=lemma_top-image&ct=single#aid=1&pic=94cad1c8a786c9176fabc518c
03d70cf3bc75762. [2024-06-30].

幻电影，讲述的是外星人带着使命来到地球，想跟地球人进行沟通。但是，他们用的是不同的语言和文字，那么怎么实现沟通呢？对此，该电影中提到地球人必须理解外星人非常写意的、像圆形的符号到底表达了什么意思，才能在语言和文字的基础上进行沟通。

现在回到语言是如何产生的这个问题。语言的产生首先需要概念的符号化。也就是说，把一个物理的实体（比如小狗）所形成的概念或者一个抽象的概念（比如热或冷）进行符号化，即用一个符号来代表概念，再用概念去指代所指的对象（图 3-11）。概念符号化之后，相关的语言才能产生。举一个例子，一个人看到一只猫走到一棵树的后面，这时在他的大脑里会有"猫""树""后面"这样的概念，然后他才能够用语言表出"树后面有一只猫"（图 3-12）。

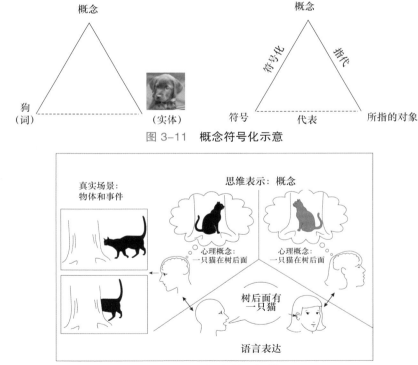

图 3-11　概念符号化示意

图 3-12　概念符号化 [10]

10　资料来源：Fitch W T. Animal cognition and the evolution of human language: Why we cannot focus solely on communication. Philosophical Transactions of the Royal Society: Biological Sciences, 2020, 375(1789): 1-9.

其次，语言的产生需要一些要素。比如，有这样一个例子：一个人对一个机器人说："把你左边的盒子拿给我。"这个时候机器人必须具有对位置和环境的认知，才能够把其左边的蓝色盒子拿给跟它对话的人（图 3-13）。我们称这种认知为具身环境认知。所以，语言的产生需要有具身环境认知。

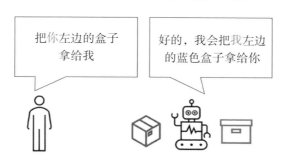

图 3-13 **具身环境认知**[11]

除了具身环境认知，语言的产生还需要有自我认知和相互理解的价值观。基于这样的语言，交流才会有效。比如，一个人说"我快饿死了"，而机器人并没有饿的感觉，它听到的意思则可能是这个人"要死了"，可能会打120 急救电话（图 3-14）。人和机器人的这种自我认知和相互理解上的差异，会造成无效的对话和交流，甚至会导致荒谬的结果。

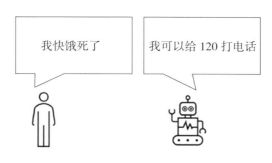

图 3-14 **自我认知**[12]

11 资料来源：Röder F, Oezdemir O, Nguyen P D H, et al. The embodied crossmodal self forms language and interaction: A computational cognitive review. Frontiers in Psychology, 2021, 12, Article 716671: 1–16.

12 资料来源：www.vcg.com/creative/1001493295. [2024-06-30].

另外，语言也承载了文化和社会价值，或者说语言是在社会认知的基础上产生的。比如，我们所熟知的网络用语或者流行词，就是在一种语言文化的发展和进化过程中产生的。

3.2.3 语言的表示

语言在人类大脑中是如何表示的呢？研究发现，在人类大脑中至少有两个中枢是跟语言直接相关的：一个是布罗卡 (Broca) 区，它是语言表达中枢。说话所要做的思维活动和要控制的运动（包括嘴唇和舌相关的运动），由语言表达中枢来指挥，因此它也叫作言语运动中枢。另一个是韦尼克（Wernicke）区，它是语言理解中枢。听到一句话的时候怎么去理解，这由语言理解中枢来完成（图 3-15）。

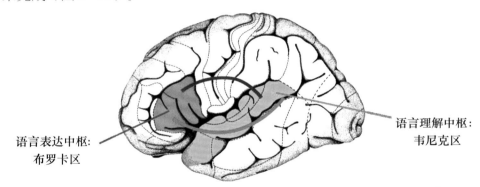

语言表达中枢：
布罗卡区

语言理解中枢：
韦尼克区

图 3-15　人类大脑中与语言直接相关的两个中枢：布罗卡区和韦尼克区 [13]

近年来的研究发现，人的语言认知涉及多个中枢的联动。有这样一个实验：给被试听 985 个单词，同时记录他们的脑电波，观察这些词被听到之后在哪些区域会产生脑电反应。图 3-16 是根据所记录结果画出的染色图。根据染色图可以看到，不同类型词在大脑几乎所有区域都有联动反应。举一个例子，当一些词与视觉相关的时候，这些词除了会在语言中枢上激活之外，还会联动到视觉中枢。因此，语言交流是需要大脑的多个中枢来共同作用的。

13　资料来源：Brauer J. The brain and language: How our brains communicate. Frontiers for Young Minds, 2014, 2: 14.

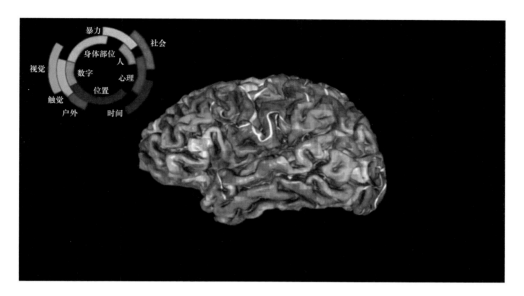

图 3-16　不同类型词在大脑各区域的联动反应 [14]

3.2.4　文字的表示

　　人的大脑能够表示和理解文字，那么计算机又是如何表示文字的呢？对于语音、图像和视频，计算机通常将其分别表示为一维、二维和三维的连续信号；对于语言来说，计算机将字、词表示成字符串，从而语言可以表示为一个以字、词或者音节为单位的连续信号的集合。

　　最简单的表示单词的方式叫作独热编码，就是用一个超长维度的向量来表示一个单词，其中在向量特定位置的值置为 1，其他位置的值全部置为 0[图 3-17（a）]。中国古人发明文字之前，使用结绳的方式记事，即把不同的绳子系成不同形状和大小的结来表示事情的大小以及标记事情的类型。类似地，人们把绳子结成不同的形状，用不同的结的数量表示从个位数到百、千、万位数上的数字，这种方式称为结绳记数 [图 3-17（b）]。

14　资料来源：Huth A G, de Heer W A, Griffiths T L, et al. Natural speech reveals the semantic maps that tile human cerebral cortex. Nature, 2016, 532(7600): 453–458.

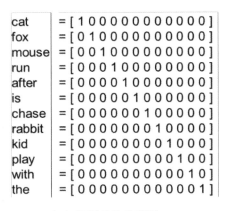
（a）单词的独热编码

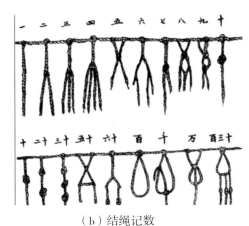
（b）结绳记数

图 3-17　单词的独热编码和结绳记数 [15]

　　现在计算机在表示单词的时候，常用的是词向量模型。词向量模型是根据一个单词和它周围单词的共现（一起出现）情况，给它在高维空间进行定位的 [图 3-18（a）、（b）是三维示意图]。越是相似的单词，它们相应的空间位置就越近。也就是说，如果一个单词与另一个单词经常同时出现在一句话或者一个段落中，则它们的语义比较相关。通过这样的方式，可以在高维空间中定位相应的单词位置。

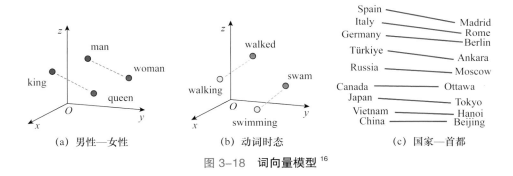

（a）男性—女性　　　（b）动词时态　　　（c）国家—首都

图 3-18　词向量模型 [16]

15　资料来源：http://www.cestc.cn/news/Show/id/386?aaaaaa=hrn9qeueh7r6blfhd47vttpjv2. [2024-06-30].（右）

16　资料来源：Mikolov T, Sutskever I, Chen K, et al. Distributed representations of words and phrases and their compositionality. 26th International Conference on Neural Information Processing Systems, Lake Tahoe, 2013.

比如，"man"（男性）和"woman"（女性）在位置空间上有一个相互关系；"king"（国王）和"queen"（女王）虽然不在一起（在位置空间上不近邻），但是它们与"man"和"woman"具有平行或是近似平行的向量关系，这说明在性别这样一个属性上，它们与"man"和"woman"具有一种可运算的关系。我们通常用这样的词向量模型来计算两个单词或者多个单词之间的相似性。

🔵 3.3 语义：理解的奥秘

语言最终需要被理解为语义。本节介绍语义理解的主要工作，以及自然语言处理是怎样实现语义理解的。

3.3.1 什么是语义？

语义是指语言本身所具有的意义。语义强调语言客观存在的意义，核心挑战是歧义性。下面给大家举一个例子。《生活报》在 1994 年 11 月 13 日发表了如下一篇短文：

他说："她这个人真有意思（funny）。"她说："他这个人怪有意思（funny）的。"于是，人们以为他们有了意思（wish），并让他向她意思意思（express）。他火了："我根本没有那个意思（thought）！"她也生气了："你们这么说是什么意思（intention）？"事后有人说："真有意思（funny）。"也有人说："真没意思（nonsense）。"

这篇短文很短，但它里面出现了 9 次"意思"这个词，代表了多达六个不同的含义。在不同的语境环境下，同样的词有不同的含义，这给计算机理解语义带来了非常大的难度。

第二个跟语言的歧义性相关的是语义的组合性原则。也就是说，语言的语义是由其组成部分的意义以及组成方式共同决定的。大家看图 3-19 给出的这个例子，这是一个非常典型的例子。如果把"批评老张教育老李的方法"中的"批评老张"和"教育老李"并列起来看，它意思就是"批评老张和教育老李"的方法。如果把"批评"看作整句话的一个动词，意思则是批评"老张教育老李的方法"。这两种组合方式对应的语义是不同的，这样的歧义给计算机理解语义带来了非常大的挑战。

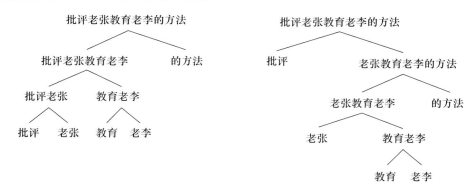

图 3-19　语义组合性原则下出现歧义的例子

在语义之上，还有语言使用者所表达的情感和主观想法，可以将其叫作语意。相信大家从下面这个例子就可以理解什么叫作语意。

当一个外交官说"好的 (yes)"，他表达的是"可能可以 (perhaps)"。
当一个外交官说"可能可以 (perhaps)"，他表达的是"不可以 (no)"。
当一个外交官说"不可以 (no)"，他不是一个合格的外交官。

—— Berliner Tageblatt "The Independent"

可见，外交辞令和一般情况下说的语言，可能表达的意思和主观的想法是不一样的。

跟语义相关的还有语用，即语言运用，指人们在一定的交际环境中对语言的实际运用。语用学研究在特定语境中对话表示的引申含义。下面举四个例子，大家看一下：

例 1：
甲：晚上去看电影吗？

乙：我明天有考试。（拒绝邀请）

例2：

甲：这么晚还没回去呀？

乙：我明天有考试。（解释原因）

例3：

甲：昨天小张来过这里吗？

乙：我昨天在图书馆。（我不知道）

例4：

甲：我可以不交作业吗？

乙：你不想及格了吗？（警告）

比如，例1中甲邀请乙晚上去看电影，乙说："我明天有考试。"这里乙并没有直接回答甲的问题，而是说明天有考试，晚上要复习，因此很忙，间接委婉地说没有时间。此时，就可以推断他是要拒绝邀请，这就是在对话的客观和主观意思表达之外引申的意义。

还有一个非常有意思的例子。唐代有一个叫作朱庆馀的进士，在他还是举人的时候写了一首名为《近试上张水部》的诗给当时的水部侍郎张籍：

洞房昨夜停红烛，待晓堂前拜舅姑。

妆罢低声问夫婿，画眉深浅入时无。

在这首诗中，朱庆馀用一个新娘第二天要拜见夫婿的舅姑的情境和忐忑，表达自己要去进京应试时的心情，同时展现自己的才情。而张籍是一个唯才是举的人，他也用一首诗《酬朱庆馀》来回复朱庆馀：

越女新妆出镜心，自知明艳更沉吟。

齐纨未足时人贵，一曲菱歌敌万金。

这首诗的大意就是：越女梳了妆之后在镜前一看，知道自己非常漂亮，但是还不确定。其实，她把自己穿着打扮好之后就已经非常雍容华贵了，还加上了一首足以抵万金的歌。张籍用这种方式来表示朱庆馀是有才华的，只要发挥好就能够得中进士。

3.3.2 计算机对语言的理解

计算机是如何理解语言的？我们用一个例子来进行说明，对于"小明和他的朋友在北京大学踢足球"这句话，按经典的自然语言处理方法，计算机理解时需分以下几个步骤进行：第一步，分词，即把句子切分成不同的基本单元——词；第二步，在分词的基础上进行词性标注和命名实体识别，比如对词标注出词性（是动词、名词还是介词），以及把"小明"和"北京大学"这两个实体分别正确地识别成人名和机构团体；第三步，指代消解，即将代词替换为它所指代的含义，这里就是把"小明和他的朋友"中的"他"替换成"小明"来表达更确切的语意；第四步，句法分析，即把一句话的名词短语、主语、谓语和宾语都分析出来，用于实现语义的组合性分析（图 3-20）。

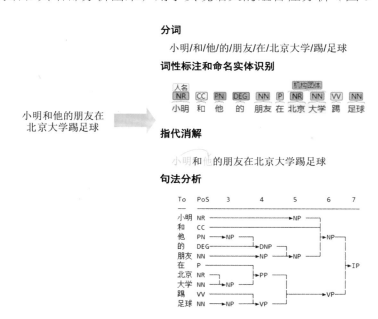

图 3-20　经典自然语言处理方法的基本步骤

这些处理步骤基础之上，还有一种更复杂、更精确的语义分析理解方法——依存关系分析。这种方法以动词和事件为核心，为词赋予相应的语义属性。比如，在上面的例子中，事件就是"踢足球"。那么，谁踢足球呢？小明踢。所以，"小明"与"踢"之间就是施事关系。小明踢什么呢？小明踢的是足球。所以，"足球"与"踢"之间就是受事关系。以"踢"为根节点，进一步分析如下：在哪里踢呢？在某所大学里踢。所以，"大学"与"踢"就是空间关系。小明和谁一起踢呢？小明和他的朋友一起踢。所以，"小明"与"朋友"就是并列关系。经过这样的分析之后，计算机就可以更加准确地理解一句话的语义（图 3–21）。

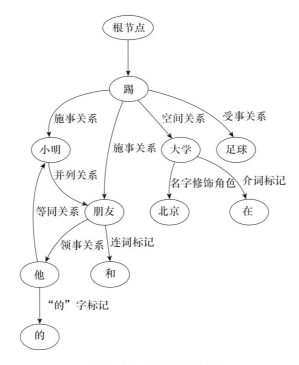

图 3–21　依存关系分析

还有一种场景是在多模态情况下的语言理解。比如，有一个在草坪上活动的真实视频，需要把相应的人物和他们的动作以及基于时间和位置空间关系的事件，通过对图像的语义理解生成相应的图像语义，再与语音和文字的语义整合起来形成以关系表达的知识库，从而实现基于视频的语言对话。

3.3.3　语言理解的挑战

除了歧义性和多模态情况，语言理解还有其他一些挑战。

下面举一个关于共同认知前提的例子。图 3-22 是一名小朋友向家长要红包的聊天记录。由于对"我的秘密"有不同认知，小朋友偷换概念，让家长发了红包。这是自然语言理解典型的挑战。

在自然语言理解中，即使是简单的分词处理，也有非常大的挑战。比如图 3-23 给出的这本书的书名《无线电法国别研究》，其中都是非常常见的词，如果按照一个词或者词组的共现频率做分词，很可能会切分成"无线电""法国""别研究"，这样就错了。此时，需要在分词的同时，交互地理解语义是否正确，才能够把分词做对。其实，这个书名的意思是"无线电法的国别研究"。

图 3-22　语言理解的挑战：共同认知前提 [17]　　　图 3-23　语言理解的挑战：分词处理

17　资料来源：https://www.sohu.com/a/236803190_422000?scm=1002.44003c.fe0215.pc_article_rec. [2024-06-30].

3.4　交流：心智的博弈

作为这一讲的最后，我们以一个人机对话的例子来介绍关于自然语言处理目前研究到了什么程度，以及还有哪些前沿研究等待大家去做。

3.4.1　语言交流模型

语言交流模型中一个最简单、最基础的模型是传输性模型。所谓传输性模型，就是在发送者和接收者之间有一个传输通道，发送者把信息发送给接收者，接收者收到之后再发送信息反馈给原来的发送者，从而形成一次传送和一次接收（一对一）的经典语言交流基本模型（图 3-24）。

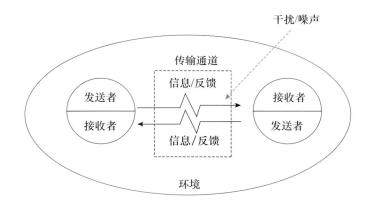

图 3-24　语言交流的传输性模型

一对一语言交流模型的对话基本要求是理解准确、表述得当、逻辑连贯。下面是两个关于对话基本要求的例子：

例 1：

问：今天天气怎么样？

答：今天天气晴，最高气温 0℃，最低气温 -9℃。很冷，注意保暖。

例 2：

问：奥巴马是谁？

答：贝拉克·侯赛因·奥巴马，1961 年 8 月 4 日生，美国民主党籍政治家，第 44 任美国总统，美国历史上第一位非裔美国人总统。1991 年奥巴马以优等生身份从哈佛大学法学院毕业，而后在芝加哥大学法学院教授宪法长达 12 年（1992—2004）。

例 1 中问"天气怎么样"，回答相对简洁，最后说"很冷，注意保暖"，给人一个暖心的提示。例 2 中问"奥巴马是谁"，回答非常准确、详细，同时信息量很大。这是不是一个合适的回答呢？大家可以思考一下，后面还会说到对话的进阶要求和高级要求。

2022 年年底美国的研究机构推出了一个语言对话系统 ChatGPT。如图 3-25 所示，有两个基于该系统的对话例子，相对来说很准确且有逻辑性，如右边关于欧几里得距离的回答就非常准确。因此，它在满足对话基本要求上是做得非常好的，具有目前最好的性能。

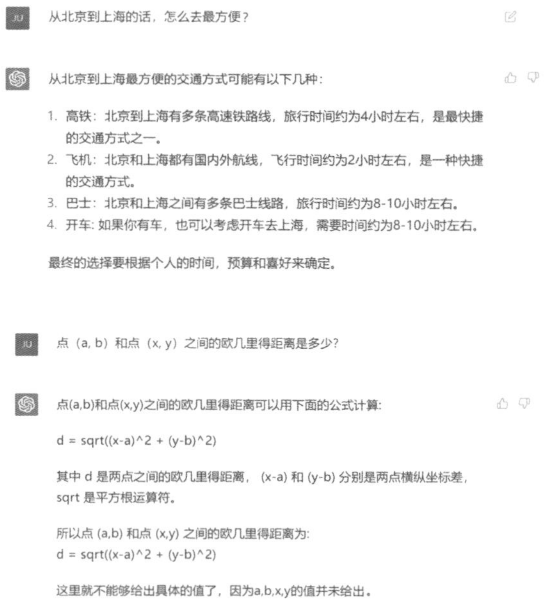

图 3-25　语言对话系统 ChatGPT 的对话例子

语言交流的第二种模型叫作构成性模型（图 3-26）。在这种模型中，参与交流的两个或多个对话者需要有共同的认知基础，使交流达到对话的进阶要求，实现回复的多样性和前后文的连贯性。

举一个例子：客户与快递客服机器人之间的对话（图 3-27）。在这个对话中，对于顾客所问的"取消订单为什么还扣费""上次也是这样都没扣，怎么回事"，机器人可以准确地回答原因，实现了具有非常好的前后文连贯性的准确回答。

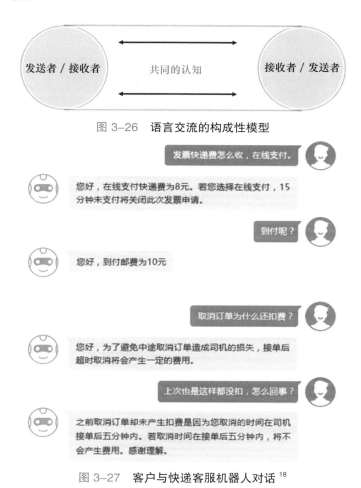

图 3-26　语言交流的构成性模型

图 3-27　客户与快递客服机器人对话[18]

18　资料来源：https://zhuanlan.zhihu.com/p/26534082?utm_psn=1788662383134248960. [2024-06-30].

　　这样场景下的多轮对话如何通过计算机生成呢？对此，可通过一种经典的模型——端到端模型来实现。具体来说，可由序列到序列模型（sequence to sequence model，Seq2Seq）来完成（图 3-28）。序列到序列模型的输入是整个对话历史，它通过一层或多层的深度神经网络进行编码，再用解码器把回复的一句话一个单词一个单词地生成。它是一个基于生成式的对话回复模型。基于这样的模型，就可以实现原则上前后文连贯的对话回复文本。

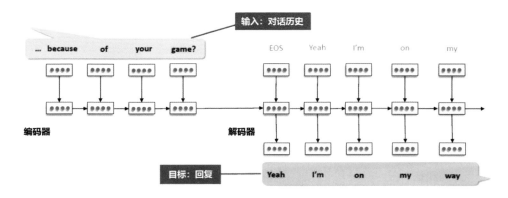

图 3-28　序列到序列模型实现对话生成 [19]

　　对话还有高阶要求：具有有效性、高效性、相关性和清晰性，这也叫作格莱斯合作原则。对于有效性和高效性的对话，我们举一个例子：

　　问：你今天中午吃了什么？

　　答 1：食物。（无效信息）

　　答 2：烤豆子和面包。（有效信息）

　　答 3：我吃了 87 颗温度适中的烤豆子，其中 8 颗有点焦了，搭配了番茄酱和一片 12.7 cm×10.3 cm 的吐司面包，并且烤了 2 min。（低效信息）

　　在这个例子中，如果只回答吃了食物，这就是无效信息；如果回答吃了

19　资料来源：Sutskever I, Vinyals O, Le Q V. Sequence to sequence learning with neural networks. 27th International Conference on Neural Information Processing Systems, Montreal, 2014.

烤豆子和面包，这就是有效信息；如果回答吃了多少颗烤豆子，吃了什么形状、怎样大小的吐司面包，会显得信息冗余，一般人不需要了解这么多，这些信息就是低效信息。

前面问"奥巴马是谁"的例子中，得到的回答实际上也是低效信息。一般来说，只要回答奥巴马是美国多少届总统就可以了，如果对话者对奥巴马的其他内容感兴趣，可以再进行补充回答。

格莱斯合作原则的相关性和清晰性比较容易理解。我们来看下面这个例子：

问：今天老师的报告不怎么样，你怎么看？
答1：是的，不怎么样。
答2：哦，你为什么这么看？（部分相关。蕴含：自己不表态）
答3：今天天气还行。（毫不相关。蕴含：拒绝回复）

在这个例子中，如果像第一个那样回答"是的，不怎么样"，这就是非常相关的；如果回答"你为什么这么看"而没有直接回答提问者的问题，这可以说是部分相关的，蕴含的是不愿意表态；如果回答"今天天气还行"，则答非所问，这蕴含的意思就是拒绝答复。

清晰性非常简单，也就是要求回答清晰明了，不模棱两可。

再来看这个例子中的第二个回答"哦，你为什么这么看？"，虽然没有回答提问者的问题，但是它也是一种回答。也就是说，在真实情况下格莱斯合作原则是有例外的，而且是合理的，因为对话者都有自己的个性和行为方式，对所谈及的人物或事件有主观看法，在回复的时候是与主观意愿一致的。目前，自然语言处理的对话系统还不能够完美地做到基于对话者或者参与者的主观认知来进行有效对话。也就是说，目前还无法满足对话的高阶要求。

3.4.2　自然语言处理前沿

在对话和交流领域，自然语言处理还有一些前沿问题，一个前沿问题是心智博弈。例如，人和智能机器人都有自我的主观认知，且他们的主观认知可能不一样。在人机对话过程中，人和智能机器人都想要达到各自的目标，那么在交流过程中能不能统一设定一个谈判博弈的场景？这就是比较具有挑战性的心智博弈的自然语言对话研究课题，等待更多的学者来研究和实现。

自然语言处理的另一个前沿问题是视觉导航。下面是一个基于指示的视觉导航例子：要求机器人从所在位置穿过厨房，经过一些转向，再转入一个没有门的入口，最后到达一个设定的位置（图 3–29）。机器人需要基于视觉感知，在理解语言指示的前提下，通过视觉和语言的综合认知完成任务，到达设定地点，这也是非常具有综合性挑战的。

指示：
向右转，前往厨房；
然后左转，经过一张桌子进入走廊；
沿着走廊走，然后转入右边没有门的入口，停在厕所前。

局部视觉场景

全局俯视路径

△ 初始位置
◯ 目标位置
—— 示例路径 A
—— 预测路径 B
—— 预测路径 C

图 3–29　视觉导航[20]

自然语言处理可以用于可解释人工智能。一个机器人在执行一个复杂动作任务的时候，它可以把每步所要做的动作用自然语言表示出来，这样我们就知道它为什么做各步动作，可以通过每步动作执行的结果来分析和判断为

20　资料来源：Wang X, Huang Q-Y, Celikyilmaz A, et al. Reinforced cross-modal matching and self-supervised imitation learning for vision-language navigation. 32nd IEEE/CVF Conference on Computer Vision and Pattern Recognition, Long Beach, 2019.

什么做对，或者为什么没有做对。

在人机协作的过程中，通过自然语言处理可以实现基于解释的学习。比如，示范学习就是通过人的语言加演示使计算机学到一项技能。这也是自然语言处理中非常前沿的问题。

前面这些前沿问题，都在等待着对自然语言处理感兴趣的同学一起来研究、探索。

 思考题 >>

1. 汉字"拽"属于哪种造字法？（　　　）

A. 象形　　　　　　　B. 指事

C. 会意　　　　　　　D. 形声

2. 下面的标注用了哪种自然语言处理技术？（　　　）

A. 命名实体识别　　　B. 词性标注

C. 句法分析　　　　　D. 依存关系分析

NR	NN	VV	P	NT	PU	VV	NR	NR	PU
北京	大学	创立	于	1898年	，	位于	北京市	海淀区	，

VC	NR	NN	NN	NN	VV	DEC	JJ	NN	NN	PU
是	中华	人民	共和国	教育部	直属	的	全国	重点	大学	。

3. 实现快递业务的多轮对话回复，需要计算机在序列到序列模型基础上了解哪些信息？

朱 毅 鑫

北京大学人工智能研究院助理教授、博士生导师、博雅青年学者、院长助理，海外高层次人才引进计划入选者，北京市科技新星。博士毕业于加利福尼亚大学洛杉矶分校，主要研究领域是通用人工智能中的认知推理，发表的论文曾被《科学》和《科学机器人》杂志主页头条刊登。

第四讲

认知科学与人工智能世界的邀约
——认知推理

感知智能和认知智能是人工智能研究的重要组成部分。感知智能指的是智能体具备了视觉、听觉、触觉等感知能力，能够辨识出周围的物体，比如分辨出一个物体是不是锤子或者某种工具。而认知智能则源自认知科学、神经科学等交叉领域，它赋予智能体能力，使智能体能进行因果推理、归纳演绎等复杂的思维活动。例如，在身边没有锤子的时候，认知智能使人能够用身边合适的物体充当锤子。如何赋予人工智能体由感知到认知的能力？这是人工智能研究要解决的问题。在本讲中，我们将从发展心理学的经典实验出发，探索人类最根本的认知基础和由此展现出的有趣现象，迈出让机器走向认知智能的第一步。

4.1 从感知到认知

本节我们探讨一个基本的问题：感知与认知的区别究竟是什么？我们将通过一系列的示例和现象进行说明。

4.1.1 寻找开瓶器

讨论感知和认知的区别时，一个常用的示例是工具的使用。考虑这样一个问题：需要打开一瓶饮料，却找不到开瓶器。你会如何解决这个问题呢？你很可能会在周围寻找可以充当开瓶器的物体。图 4-1 的视频给出了各种各样可以当作开瓶器的物体，从中可以看到，身边很多物体都可以用作开瓶器（视频在本讲的时段：00:01:49—00:02:47）。

视 频

图 4-1　各种各样可以当作开瓶器的物体

这个例子是从感知到认知的一个非常具体的体现。我们理解一个物体能否用来完成某项任务，并不是取决于它日常的标签（比如，它是否被称为"开瓶器"），而是取决于它的特性（比如，是否能够提供某项特定的物理功能）。

另一个具体的例子如图 4-2（a）所示，一个人从一些物体中选择了金属榔头来砸开坚硬的核桃。

对于人类的近亲——猩猩，一系列研究表明它们同样会使用工具，然而它们需要经过多年的训练才能习得这一能力。由此可证，获得使用工具的能力是非常困难的。对于人工智能体（以下简称"智能体"），我们也希望能教会它使用工具。在进行测试的时候，我们给智能体展示类似的场景，如图 4-2（b）所示。智能体的目标仍旧是砸核桃，但场景中给它提供的所有物体与之前教它时的物体都不一样。此时，它会从这个场景里面选择哪个合适的物体来砸核桃呢？一个可能的选项是桌子腿，因为桌子腿比较硬，而且好像用起来比较称手。这可能是绝大多数人的选择。我们希望赋予智能体类似的使用工具的能力。

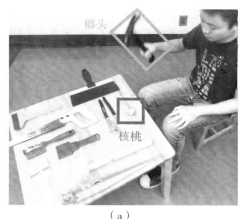 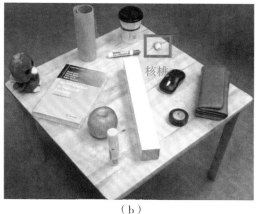

（a）　　　　　　　　　　　　　　（b）

图 4-2　工具的使用：砸核桃

4.1.2　什么是"椅子"？

关于感知与认知区别的讨论，一个典型例子涉及对"椅子"的理解：什么是"椅子"？图 4-3 中展示了一间办公室。在这间办公室中，有各种各样可以坐的椅子，有的可能很舒适，有的可能不那么舒适。当然，我们也可以选择坐在地上，即把地面当作"椅子"。人不仅可以识别哪些物体可以用作"椅子"（感知），还可以仅看图片就判断出椅子的舒适程度（认知）。比如，D、E 和 F 这三把椅子可能相对舒适，因为它们有坐垫且靠背比较软，而 A 和 B 这两把椅子看上去相对比较坚硬。显然，最不舒服的就是坐在地上。这也是人从感知到认知的一个体现。

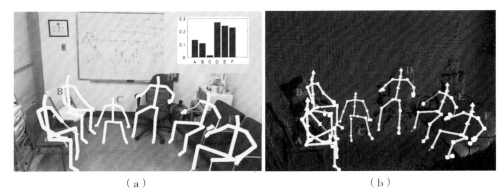

（a） （b）

图 4-3　人对"椅子"的理解：从感知到认知

我们期望智能体也能够完成这样的任务。如何让智能体知道哪里能坐，什么物体可以当作一把"椅子"？如何让智能体理解"舒适"这一概念？一个简单且通用的方法是：让智能体从视频中学习人坐在椅子上的受力分布。智能体能够从训练视频中获取信息，它可以通过观察一个人坐在各种各样的"椅子"上的姿态，学习这个人坐"椅子"的受力情况（视频在本节的时段：00:05:55—00:06:06）。经过训练后，给一个新的场景，智能体就能用学到的受力分布进行推测，从而在新的场景中找到相对舒适、适合当作椅子的地方。

视 频

图 4-4　坐椅子的受力分布

如何赋予智能体从感知到认知这一能力的飞跃？其实，从发展心理学的角度看，已经有一套非常成熟的方法。下面将重点介绍发展心理学中与认知相关的一些现象和实验，希望能激发大家对认知推理相关研究的兴趣。

AI 4.2 理解婴儿：违反预期法

要理解婴儿的认知过程，我们必须采取独特的方法。仅仅观察一个婴儿是不足以揭示婴儿的思考过程的，通常需要对多个婴儿进行实验，以确保研究具有统计意义。因为婴儿一般不会说话，不会沟通，所以对他们进行实验是非常困难和艰苦的。不过，科学家们已经设计出一种方法——违反预期法，来理解婴儿的行为。违反预期法是基于违反预期理论开展心理学实验的一种方法。违反预期理论是由心理学家约翰·鲍尔比（John Bowlby）于 1969 年提出的，该理论认为在日常生活或社交互动中，人们会根据以往的经验和预期来判断事物的演化或他人的行为，当事物演化或他人行为与预期相反时，人们会产生一种心理上的不适感，这种不适感可能表现为惊讶、失望、愤怒等情绪。

违反预期法具体是如何运作的呢？让我们以一个例子来说明。

如图 4-5（a）所示，一个成年人抱着一个大约一岁的婴儿。婴儿在面对一个新的测试环境时，只能通过观察来理解周围的世界。在婴儿面前展示了一个非常简单的测试环境：一块黑白相间的板子。这块板子是婴儿之前从未见过的（这是可以实现的，因为一岁小孩的活动范围很小，接触的一般都是日常的事物），因此他的注意力完全被吸引了，关注这个新物体的时间比较长，可能会盯着看 60 秒左右。之后，他觉得没有意思了，就会看向别的地方。这时我们将这个物体遮住，过一会儿再次展示给婴儿看。他会再次对这个物体产生兴趣，盯着看 60 秒左右。从图 4-5（b）可以看到，开始几次婴儿的平均观察时长都在 60 秒左右；随着重复次数的增多，婴儿就会逐渐失去对这个物体的兴趣，其观察时长会减少到 30 秒左右。对同一个物体，不断重复上述实验，最后婴儿完全失去对这个物体的兴趣，看一眼物体，觉得没意思就不再看了。这个过程我们称为"习惯化"，也就是婴儿逐渐适应一个特定模式的过程。

然而，若测试环境改变，在婴儿面前展示一个新的物体，如一块画有小脚丫图案的板子，如果婴儿认为这是一个新的情况，他的观察时长会恢复到之前的 60 秒左右 [图 4-5（b）]。这个过程我们称为"去习惯化"。这种习惯化和去习惯化的模式反映了婴儿的预期，也是他们对世界的理解过程。通过观察婴儿对新和熟悉物体刺激的反应，我们可以更好地理解其认知过程。

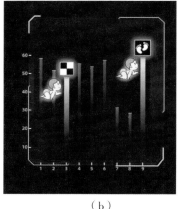

（a）　　　　　　　　　　　　　　　　　　　（b）

图 4-5　理解婴儿的违反预期法：习惯化与去习惯化 [1]

科学家们利用违反预期法的原理，研究婴儿对什么样的事物是习惯的，什么样的事物是知道的，什么样的事物是新奇的。这种方法有助于我们理解婴儿对物理世界和社会世界的认知。下面我们通过一个简单的例子来更清晰地说明这一点。如图 4-6 所示，假设一个人用手遮住了一个物体的一部分，然后问你，当他移开手时，你期望看到的物体形状是什么。你可能会根据所能看到的部分进行推测，认为它应该是一个三角形。然而，当这个人真正移开手时，若露出了一个与你预期形状不同的物体——一个不规则形状的物体，你可能会感到惊讶，因为这与你的预期相违背。这就是一个违反预期法实验。

图 4-7 是一个更复杂的违反预期法实验。在这个实验中，用一个物体遮住了它下面的某个图案的一部分，如图 4-7（a）所示。然后，询问被试，如

1　资料来源：http://infantstudies.psych.ubc.ca/. [2024-06-30].

图 4-6　一个违反预期法实验 [2]

果移开这个物体，他们期望看到的是什么。大多数被试可能会预期图案连续地出现在被遮住的部分，就像图 4-7（b）上半部分中的图案那样。这是因为，我们的大脑习惯于寻找模式，并且期望模式会持续存在。因此，当实际上看到的是一个空白的部分，与预期相反时，我们会感到惊讶，因为这违反了我们对模式连续性的期望。

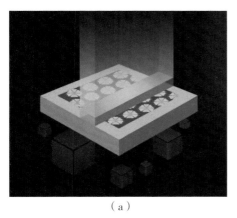
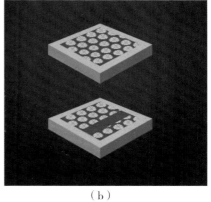

（a）　　　　　　　　　　　　（b）

图 4-7　另一个违反预期法实验 [3]

2　资料来源：Kellman P J, Spelke E S. Perception of partly occluded objects in infancy. Cognitive Psychology, 1983, 15(4), 483–524.

3　资料来源：Termine N, Hrynick T, Kestenbaum R, et al. Perceptual completion of surfaces in infancy. Journal of Experimental Psychology: Human Perception and Performance, 1987, 13(4): 524–532.

4.3　认知一窥：从静态物体到动态场景

理解从静态物体到动态场景的转变非常关键。如图 4-8 所示，假设有一个人正在操纵棍子的移动，他的动作和棍子的移动就构成了我们要研究的动态场景。在这个场景中，我们观察到两种情况：第一种情况，人的手牵引着上面的棍子移动，上面和下面的棍子都跟随手的移动而移动；第二种情况，人的手仍然牵引着上面的棍子移动，但只有上面的棍子随着手的移动而移动，下面的棍子保持静止。

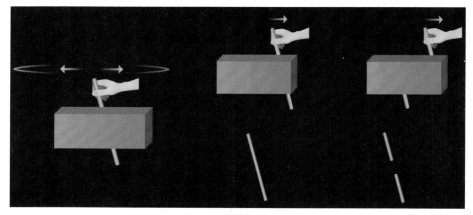

图 4-8　物体运动实验：推测棍子的状态 [4]

在第一种情况中，当人牵引着上面的棍子移动的时候，下面的棍子被一起带着移动，我们通常会觉得前面这个遮挡物拿开以后，上面和下面的棍子应该是连在一起的，或者说连在一起的概率较大一些，因为我们会倾向于更简单的解释。如果上面和下面的棍子不是连在一起的，在没有控制下面的棍子的情况下，它不应该跟着上面的棍子一起移动。在第二种情况中，人牵引着上面的棍子移动，但是下面的棍子不随着一起移动，此时我们通常觉得上面和下面的棍子应该是分开的。

4　资料来源：Kellman P J, Spelke E S. Perception of partly occluded objects in infancy. Cognitive Psychology,1983, 15(4): 483–524.

　　另一组实验与物体跟踪有关，或者更具体地说，与物体的计数有关。如图 4-9 所示，假如有一个不透明的空盒子，从外面看不到里面的东西。在实验中，一个 10 ~ 12 个月左右的小朋友看着实验者将一个球放入这个盒子。此时，若实验者让小朋友把球拿出来，一般他就会去拿，因为他看见放进去了一个球。小朋友拿出一个球后盒子里面应该剩几个球呢？尽管看不到盒子里面的情况，但是通常会认为盒子里是空的。这里隐含了一个 1-1=0 的概念。

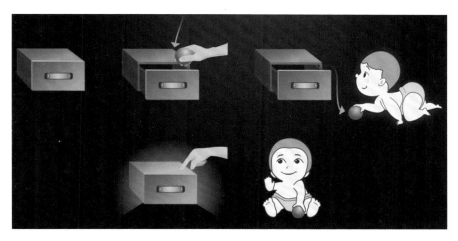

图 4-9　物体跟踪实验：计数[5]

　　小朋友是否知道 1-1=0 这个概念呢？如果这时候实验者问小朋友从盒子里面能否拿出球来，小朋友一般都会认为不能，所以对 1 和 0 以及 1-1=0 的概念，小朋友很早就知道了，这几乎是与生俱来的能力。

　　那么，知道 1 这个概念以后，更大的数字呢？科学家们为此进行了更深入的研究。他们做了进一步的实验：与先前的情况相似，将两个球放入一个盒子中；从盒子外面，小朋友无法看到里面有几个球，只能看到放球的过程。当实验者让小朋友从盒子里拿出一个球时，他会去拿一个。当实验者让小朋友再拿一个球出来时，一般他依然会去拿，这说明他也理解数字 2 的概念，也理解 2-1=1 的概念，即还剩一个球在盒子里。在小朋友拿出两个球后，如

5　资料来源：Feigenson L, Carey S. Tracking individuals via object-files: Evidence from infants' manual search. Developmental Science, 2003, 6(5): 568–584.

果实验者还让小朋友从盒子里拿出球，通常他就不会再去拿了（图 4-10）。

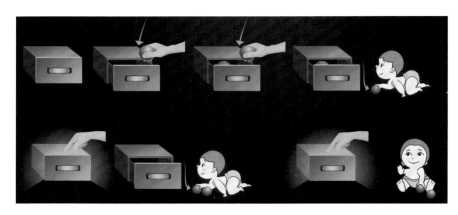

图 4-10　进一步的物体跟踪实验：计数 [6]

这个实验可以继续做下去，直到 4 个球的情形。科学家们发现，到 4 个球以后小朋友几乎就没有上述这种跟踪理解能力了。大多数小朋友最多只能跟踪 3 个物体，极少数可以跟踪 4 个物体，4 个以上几乎就无法跟踪了。这体现了小朋友对数字概念的理解能力。这种能力称为数感，它是认知科学里一个非常重要的研究内容。普遍认为，3 以上的数字是人类后天习得的，而理解 0 ~ 3 的数字是人类先天就有的能力。

AI 4.4　物理认知：从特征编码到物理理解

4.4.1　从特征编码到物理理解

物理认知的一个非常重要的特点是实现从特征编码到物理理解，而物理理解往往是通过物理推理来实现的。

图 4-11 展示了一个关于物理特征认知的实验。从图中可以看到：在第一组图（左图）中，上、下各两个物体，且两个物体是一样的，彼此紧贴在

6　资料来源：Feigenson L, Carey S. Tracking individuals via object-files: Evidence from infants' manual search. Developmental Science, 2003, 6(5): 568–584.

一起；在第二组图（左中图）中，实验者在两个物体中间插入了一块板子；在第三组图（右中图）中，实验者尝试去拉右边的物体；在第四组图（右图）中，上面两个物体中只有右边的物体被拉动，意味着这两个物体被拉开了，而下面两个物体一起被拉动。

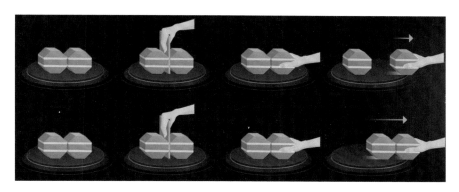

图 4-11 关于物理特征认知的实验（一）[7]

显然，从常识的角度来看，应该是图 4-11 上部分的实验结果比较正常。在两个物体的中间，实验者能够插入一块板子，这意味着两个物体之间是分隔关系，彼此没有连在一起，所以在实验者拉右边物体的时候，两个物体应该被拉开。相反，如果这两个物体一起运动，那么它们中间不应该能够插入板子。所以，小朋友通常就会对图 4-11 下部分出现的情况表示惊讶，因为这违反了他的预期。

图 4-12 展示了一个类似的对照实验。在这个实验中，实验者没有把板子插入两个物体之间，而是插到了旁边。这样，当再次去拉右边的物体时，显然左边的物体可能同时被拉动，也可能留在原地，因为无法判断两个物体之间是否相连。所以，小朋友一般对这两个结果都没有表现出惊讶。

上面是关于物理特征认知的一组实验，其中两个物体之间是否相连，或者说是否会被一起拉动，一般可以通过能否将板子插入二者之间这样一个特征得知。

---

7 资料来源：Needham A. Factors affecting infants' use of featural information in object segregation. Current Directions in Psychological Science, 1997, 6(2): 26–33.

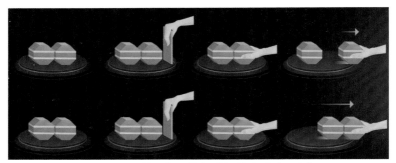

图 4-12　关于物理特征认知的实验（二）[8]

　　下一组是关于物理推理的实验。如图 4-13 所示，在展示的场景中有两个物体：一个长方形物体与一个附着在其上的物体。在图 4-13 中间的两个图中，实验者尝试去拉动附着的物体。此时，长方形物体是否会被一起拉动呢？一般来说，我们会预期长方形物体也被拉动。这是因为，根据长方形物体左侧的情况，这个附着的物体看起来就像是长在或者挂在长方形物体上的。如果这两个物体之间没有连接，那么在重力的作用下，附着的物体就会掉下来。因此，我们推断两个物体之间应该存在一种连接关系，并且应该不会轻易地被拉开。在这个实验中，小朋友一般会对图 4-13 上部分的实验结果感到困惑，而认为图 4-13 下部分的实验结果是正常的。换句话说，小朋友会期待这个附着的物体与长方形物体保持连接。

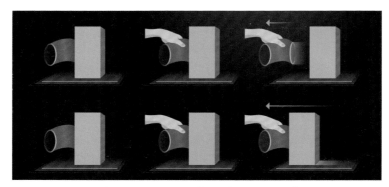

图 4-13　关于物理推理的实验（一）[8]

8　资料来源：Needham A. Factors affecting infants' use of featural information in object segregation. Current Directions in Psychological Science, 1997, 6(2): 26–33.

　　然而，如果我们进行一个对照实验，将附着的物体放到与地面接触的位置，情况就会变得比较复杂（图4–14）。在这个新的设定中，附着的物体可能与长方形物体连接，也可能只是被放在地面上。从直观上看，这两个物体似乎是连在一起的。但是，当我们尝试去拉这个附着的物体时，它可能会被拉开，也可能保持原地不动，即可能有两种结果。

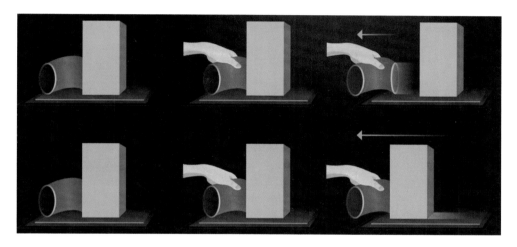

图 4–14　关于物理推理的实验（二）[9]

4.4.2　物理理解的重要性举例

　　下面以认知推理在计算机视觉中的应用为例说明物理理解的重要性。

　　设想我们使用 3D 传感器来重建一个房间，如图 4–15（a）所示，这个房间里有沙发、椅子等物体。在 3D 重建中，我们可以完全还原这些物体，甚至可以将它们单独切割出来。现在，我们看图 4–15（a）中的右图，从中看到了几个物体的布局。在物体密度均匀的前提下，我们可以推断出这个场景是不稳定的。在场景不稳定时，物体就可能会掉落。这里出现了一个问题：如果我们预设这个场景是稳定的，那么应该如何用一个分割算法去划分这个

9　资料来源：Needham A. Factors affecting infants' use of featural information in object segregation. Current Directions in Psychological Science, 1997, 6(2): 26–33.

场景中的两个物体呢？答案是显而易见的。这两个物体应该被视为相连的；否则，如果我们将它们看作是分隔开的，那么其中某个物体就可能会倒下。在这种情况下，正确地应用物理原理和认知推理，可以有效指导算法对物体进行更准确的分割和识别。

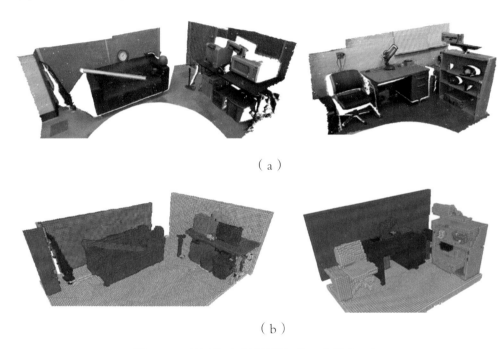

（a）

（b）

图 4-15　基于物理理解的认知推理应用（一）

当物体的分割以每个体素为单位时（体素是体积元素的简称，它是三维空间分割上的最小单位，概念上类似二维空间分割上的最小单位——像素），事情将变得更加复杂。如果我们直接将所有的体素都单独放入物理引擎中，整个物体将会像没有拼接的乐高积木一样，散落在各个地方。如果我们使用某种分层算法将某些体素按照某种规则组合在一起，可以得到物体的各个部分，但这些部分并不能完全构成整个物体。即使我们将这些部分放入物理引擎并开启重力控制，这些部分仍然会散落在各个地方，只是它们的体素数量没有整个物体的体素数量那么多而已。只有当我们正确地将这些部分连接起来，然后将它们放入物理引擎并开启重力控制，物体才能保持稳定，而不会散落在各个地方。

我们再来看一个例子。在一个场景中有很多不同的小物体，我们想找出哪些物体可能对人造成危险。为了做到这一点，我们首先对这个场景进行 3D 重建；然后，对一些人的姿势和运动轨迹进行随机采样，从而得到人在这个场景中的活动分布 [图 4-16（a）]；最后，通过这个活动分布来推测哪些物体可能会被人碰到，从而对人造成伤害。在这个场景中，上方标红色的物体表示比较危险的物体（因为它们可能会被人碰到），而上方标绿色的物体则表示相对比较安全的物体 [图 4-16（b）]。

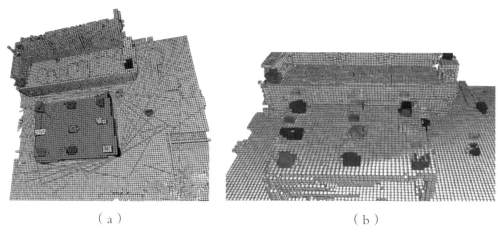

（a）　　　　　　　　　　　　　　（b）

图 4-16　基于物理理解的认知推理应用（二）

4.4.3　对物体存继性的认知

下面我们将探索人对物体存继性的认知。物体存继性是指物体不会无缘无故地消失。我们对物体存继性是有认知的。例如，当我们看到魔术表演中物体突然消失（如在大型魔术表演中人突然消失）时往往会感到惊奇。同样，小朋友也有这种对物体存继性的认知。图 4-17 给出的例子就说明了这一点。

图 4-17　关于物体存继性认知的实验（一）[10]

在如图 4-17 所示的实验中，首先，给一个 5 个月左右的小朋友观看如左上角图所示的一块板子从前往后翻倒的过程，他会看到最后板子翻倒在桌面上，呈平躺状；然后，不断重复这个过程给小朋友看，直到他习惯化。此时，我们在板子后面放一小块物体，它在板子往后翻倒时可以起到阻挡作用。在板子逐渐抬起的过程中，因为板子的遮挡，在小朋友的视野中是无法看见这一小块物体的。那么，这块被遮挡的小物体会不会消失呢？应该不会。在实验中，如果这一小块物体没有消失，那么在板子从前往后翻倒的过程中，物体应该会阻挡板子，导致板子无法完全平躺在桌面上；反之，如果这一小块物体消失了，那么板子应该能够完全平躺在桌面上。通过对小朋友进行实验可以发现，小朋友一般会对"这一小块物体凭空消失"这件事情非常惊讶，甚至大概 6 个月的婴儿也会觉得这件事情非常离奇。

我们再来看一个关于小朋友有物体存继性认知的实验（图 4-18，视频在

10　资料来源：Baillargeon R, Spelke E S, Wasserman S. Object permanence in five-month-old infants. Cognition, 1985, 20(3): 191–208.

本讲的时段：00:26:05—00:26:58，在第一讲的物理常识部分也介绍过类似的实验）：图 4-18 中的小朋友是被试，从视频中可以看到，一个米奇玩具在运动的过程中从一个遮挡物的一边进去，这个米奇玩具不会凭空消失，应该从遮挡物的另一边出来。对于这件事，小朋友看久了就觉得很无聊，没意思。但是，若遮挡物中间部分是空的，当小朋友看到米奇玩具从一边进去再从另一边出来时，他就会惊讶，甚至会被吓哭，因为中间是无遮挡的，米奇玩具凭空消失又凭空出现了，他无法理解这一现象。其实这个背后的原理很简单，就是有两个米奇玩具，但是小朋友并不能理解这个过程。

视 频

图 4-18 对物体存继性认知的实验（二）[11]

4.4.4 科学前沿中的物理认知：探索性游戏

2015 年 4 月发表于《科学》杂志的一篇论文中的实验就是关于物理认知的。这篇论文中的实验叫作探索性游戏，其中第一组实验与前面关于违反预期法

---

11 资料来源：Stahl A E, Feigenson L. Observing the unexpected enhances infants' learning and exploration. Science, 2015, 348(6230): 91–94.

的实验类似，如图 4-19 所示。在图 4-19 中，小车前面的轨道上有两块挡板，同时轨道旁边还有一块能够挡住我们视线的挡板。在这辆小车往下行驶的时候，轨道上竖着的两块挡板就会挡住小车的运动。现在假如这辆小车停下了，并且把挡住视线的这块挡板拿走。按照常理推测，小车应该停在第一块挡板前，因为小车不能穿过第一块挡板而停在第一块挡板后。

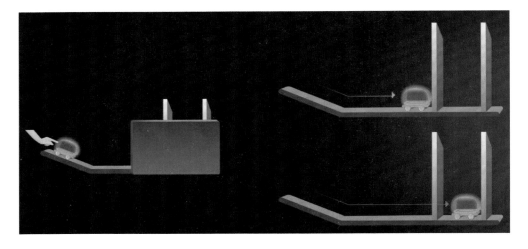

图 4-19　探索性游戏（一）[12]

在具体实验的时候，实验者首先敲击了一下第一块挡板，以证明它是实心的；然后，放置轨道旁边挡住视线的挡板，并让一辆小车在轨道上运动；最后，询问被试，把挡住视线的这块挡板拿走以后小车应该停在哪里。一个正常的符合物理规律的现象应该是，小车位于第一块挡板前。而在对照实验中，把挡住视线的挡板拿开以后，小车出现在第一块挡板后。对于这种情况，小朋友自然会觉得很奇怪。

第二组实验是类似的。如图 4-20 所示，将一个绿色小球放到左边挡板的后面，然后把挡板拿开，这时小球应该还在左边挡板后对应的位置。这体

12　资料来源：Stahl A E, Feigenson L. Observing the unexpected enhances infants' learning and exploration. Science, 2015, 348(6230): 91–94.

现了物体的存继性，物体不会凭空消失或出现。在相应的对照实验中，假如绿色小球还是放到左边挡板的后面，但拿开挡板后，小球却出现在右边挡板后对应的位置。小朋友会对此觉得非常奇怪，因为这违反了预期。

图 4-20　探索性游戏（二）[13]

　　第三组实验也很类似。如图 4-21 所示，推着小车在一个支撑面上移动。在推小车的过程中，如果小车还在支撑面上，小朋友就会觉得这个过程很正常。当小车离开支撑面时，小车应该会掉落，这一现象是符合物理规律；而对照实验中，小车在离开支撑面以后仍然悬浮在空中，这违反了预期。这两个实验中一个违反了预期，另一个没有违反预期。我们可以看到，小朋友一般会对违反预期的实验表现出惊讶，对另一个实验没有表现出惊讶。后一实验展示了由正常变为不正常的一个过程，成年人看这个实验可能觉得很简单，但是一岁左右的小朋友看这个实验时还是会表现出惊讶。其实，到这里为止上面三组实验与违反预期法中的实验没有太大区别。

13　资料来源：Stahl A E, Feigenson L. Observing the unexpected enhances infants' learning and exploration. Science, 2015, 348(6230): 91–94.

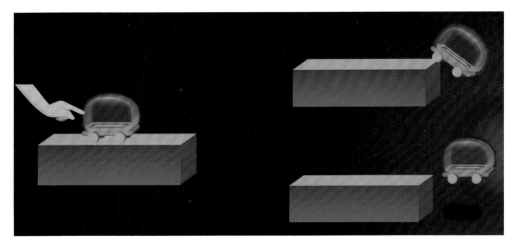

图 4-21　探索性游戏（三）[14]

　　登上《科学》杂志的这篇论文没有止步于此，它给出了一组后继实验。如图 4-22 所示，在小朋友看完违反预期的演示后，实验者把这辆小车交给小朋友。这时，小朋友就会像小牛顿一样，开始研究这个事情：将这辆小车往空中到处扔，他可能想知道这辆小车会不会自己悬浮在空中，它有没有受到浮力作用，受不受重力影响。同样，如果小朋友一开始看到小车穿过了挡板，违反物理属性到达第一块挡板后，再把这辆小车给小朋友。这时，小朋友通常会将这辆小车往桌子或地上砸，他可能想知道这辆小车会不会穿过坚硬的物体。由此可见，在很小、不到一岁的时候，我们每个人其实都是一个"科学家"：当看到一个东西违反预期时，我们就会开始做实验研究它，而且会根据看到的不同现象设计不同的实验。所以，在认知科学界里面，一直都认为小朋友就是年轻的"科学家"，我们每个人都有一颗科学家的心。

14　资料来源：Stahl A E, Feigenson L. Observing the unexpected enhances infants' learning and exploration. Science, 2015, 348(6230): 91-94.

114

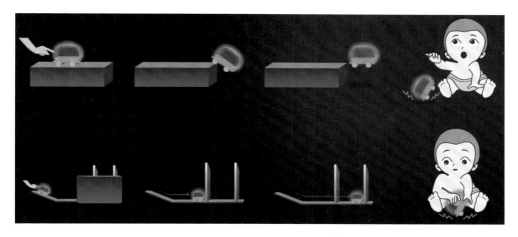

图 4-22　探索性游戏（四）[15]

AI 4.5　社会认知：从无生命到有生命

4.5.1　什么是智能体？

什么是智能体呢？对此，相信大家从之前几讲的内容中已有一些了解。我们说智能体是有生命的。在本讲前面几节中，我们所介绍的实验中的所有物体都是没有生命的。例如小车，没有人驱动它，它就不会运动（除非受到重力的影响），它是没有生命的。那么，什么样的物体是有生命的呢？一个简单的定义就是：会自己运动、有内驱力的物体是有生命的。

下面我们进一步探讨什么是智能体。我们先来回顾一下在第一讲中已经介绍过的一个心理实验——Heider-Simmel 实验。它是 20 世纪 40 年代非常经典的一个实验。在实验开始时，实验者会提前告诉被试一个事实：在即将看到的视频中只存在各种各样形状的图形，没有任何其他的东西。基于这个认知，在图 4-23 给出的视频中（视频在本节的时段：00:33:00—00:34:30），能看到三种形状的图形：一个红色的三角形、一

15　资料来源：Stahl A E, Feigenson L. Observing the unexpected enhances infants' learning and exploration. Science, 2015, 348(6230): 91–94.

个蓝色的三角形、一个粉色的圆，它们在做各种运动。看完视频后，实验者问所有被试刚才看到了什么。几乎所有的被试都会不约而同地说，看到的不仅仅是做运动的图形，而是一个故事——一个"英雄"解救一个被"恶霸欺凌的弱者"的故事。这个实验告诉我们，社会行为的呈现不依赖于复杂的视觉特征，简单的形状也能呈现出非常复杂的社会关系、社会交互和社会行为。

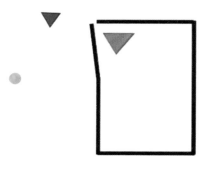

视 频

图 4-23　Heider-Simmel 实验[16]

那么，到底什么是智能体呢？我们认为，区分是否为智能体，完全不依赖于其是否有视觉特征，是否长得像一个人，而是依赖于能否自驱地去做一些事情。比如，在图 4-24 所展示的实验中，有一辆小车，拍一下它，它就会往前走。小车的前面有一堵墙，因此符合预期的情况是小车撞到墙并弹回来。所以，如果小车撞到墙后弹回来，我们会认为这是很正常的事情；如果小车没有撞到墙就半途折返，我们会觉得这辆小车有一些自己的行为，有自主的意识，它会控制自己的行为，因为按常理来说，小车的运动轨迹不应该是这样的，理论上它应该撞到墙才弹回来，而现在它自己半途折返，说明它有自己的内驱力。我们在看到小车自己半途折返这种情况的时候，就会认为这个小车是有生命的，即有内驱力，它是一个智能体。所以，我们说智能体是指有内驱力的物体。

16　资料来源：Heider F, Simmel M. An experimental study of apparent behavior. The American Journal of Psychology, 1944, 57(2): 243–259.

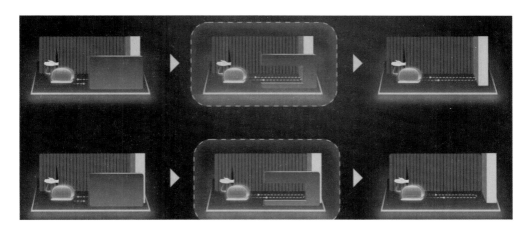

图 4-24　关于内驱力的实验[17]

4.5.2　理性原理

下面我们来看两组关于对理性原理认知的实验。在第一组实验中，先给一个 10 个月左右的小朋友看一个演示：一个黄球跳过障碍物到达左边红球的位置 [图 4-25（a）]。再给这个小朋友看另外两个不同的演示：一个演示模仿第一个演示中黄球的轨迹，是完全模仿，但是这时没有障碍物 [图 4-25（b）]；另一个演示是模仿第一个演示中黄球的意图，即要往左走（在没有障碍物的时候，就不会模仿轨迹，而是直接往左走）[图 4-25（c）]。

对于小朋友来讲，虽然第二个演示精准复刻了第一个演示的轨迹，但是小朋友还是觉得奇怪：显然有一条更短的路径，为什么黄球要绕着弯走呢？这说明，很小的小朋友就已经有对理性原理的认知：如果一件事情是不能理解的，那么它就是不对的；行为一定是符合目的意图，而不是模仿轨迹的。

17　资料来源：Luo Y-Y, Kaufman L, Baillargeon R. Young infants' reasoning about physical events involving inert and self-propelled objects. Cognitive Psychology, 2009, 58(4): 441–486.

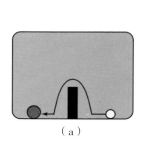

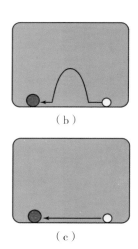

图 4-25　关于对理性原理认知的实验（一）[18]

　　第二组实验是登上《美国国家科学院院刊》的一组对照实验。这组对照实验包括两个实验。在第一个实验中，实验者的双手被束缚住，并被包到了衣服里隐藏起来。首先，实验者用头去撞灯的开关，这时候灯亮了，如图 4-26（a）所示；然后，实验者把灯放到小朋友前面，让小朋友去开灯。那么，小朋友是模仿实验者的意图还是模仿实验者实现意图的轨迹呢？如果是模仿轨迹，小朋友也会用头去撞灯；如果是模仿意图，小朋友的双手没有被束缚，就应该直接用手去按灯的开关。实验结果是，小朋友用手去按灯的开关，他模仿的是意图。

　　在第二个实验中，实验者的双手没有被束缚，而是放到了桌面上，她可以用手去按灯的开关，但她没有选择用手，而是用头撞灯的开关，如图 4-26（b）所示。这种情形下再把灯交给小朋友，小朋友一般也会选择用头去撞灯的开关，因为小朋友知道实验者本来可以用双手去按，而她却选择了用头去撞灯的开关，那么大概率只有用头去撞时灯才会亮，而用手去按时灯很可能不会亮。所以，在拿到灯以后，小朋友通常也会用头去撞，而不是用手去按灯的开关。第二个实验更证明了小朋友是理解意图的，他会模仿意图，而不是纯

18　资料来源：Gergely G, Nádasdy Z, Csibra G, et al. Taking the intentional stance at 12 months of age. Cognition, 1995, 56(2): 165–193.

粹地模仿轨迹。

（a）

（b）

图 4-26　关于对理性原理认知的实验（二）[19]

AI 4.6　心智理论：意图的理解与预测

　　心智理论是社会关系理解中比较复杂的理论。本节主要通过几个经典的实验来介绍心智理论中与人工智能密切相关的意图理解与预测。

　　我们先介绍一个叫作 Sally-Anne 测试的实验。如图 4-27 所示，假设左边穿红色衣服的女生叫作 Sally，右边穿黄衣服的女生叫作 Anne，她们之间有一个篮子和一个箱子。实验过程是：Sally 把一个红色的球放到了篮子里，然后走了。Sally 走后，Anne 偷偷地把这个球放到了箱子里，然后也走了。之后，Sally 回来了。那么，Sally 应该是在篮子里找球还是在箱子里找球呢？仔细回顾一下整个过程易知，这个球现在是在箱子里，但是 Sally 不知道这一事实。在 Sally 的认知世界中，这个球应该是在篮子里，所以她回来后只会根据自己对世界的理解来寻找这个球，即应该会去篮子里找球，而不会去箱子里找。

19　资料来源：Gergely G, Bekkering H, Király I. Rational imitation in preverbal infants. Nature, 2002, 415(6873): 755.

图 4–27　Sally–Anne 测试[20]

对于这个实验，被试能说出 Sally 会怎样找到球称为通过测试。这个实验需要我们站在别人的角度来思考别人会怎么做，而不是依赖于物理世界的实际情况。对于很小的小朋友来说，这个测试非常难，他们基本上要在 4 岁以后才能通过测试。这个实验可作为诊断小朋友是否患孤独症等各种社交障碍的一个手段。如果一个小朋友在 4 岁以后仍然不能通过这个测试，他就可能会有孤独症等社交困难问题。

一般小朋友不仅能够理解他人的意图，并且能从他人的角度去思考问题；同时小朋友还有一种利他性，甚至在理解他人的意图的时候，小朋友可能会牺牲自己的利益，或者说花费额外的力气去帮助他人。关于这一点，有如下一组登上《科学》杂志的实验。

第一个实验（这个实验在第一讲介绍社会常识的时候也提到过）是这样的：实验者假装拿着很重的东西，然后不断撞击一个柜子。小朋友理解了他的意图，就会提供帮助，帮忙打开柜子，如图 4–28（a）所示（视频在本讲的时段：00:43:21—00:43:48）。这个帮助对于小朋友来说，没有任何利益，

20　资料来源：Baron-Cohen S, Leslie A M, Frith U. Does the autistic child have a "theory of mind"?. Cognition, 1985, 21(1): 37–46.

但是他愿意去提供帮助。

在第二个实验中，实验者假装在晾衣服，这时夹子掉到地上，然后实验者假装够不着夹子。小朋友理解了实验者的意图，就会提供帮助，帮忙把夹子捡起来递给实验者，如图4-28（b）所示（视频在本讲的时段：00:43:50—00:44:10）。

第三个实验也非常类似：一开始桌面上的东西整齐地摆在一起，所以小朋友理解实验者的意图是把所拿的东西摆上去，且要摆得相对整齐。但是，当看到实验者把东西随便扔在旁边时，小朋友就会觉得实验者可能只是能力上有点欠缺，会帮助把东西摆上去；在实验者一次、两次、三次这样做后，小朋友的表情也逐渐僵硬了，他会开始怀疑实验者的意图 [图4-28（c），视频在本讲的时段：00:44:12—00:44:41]。

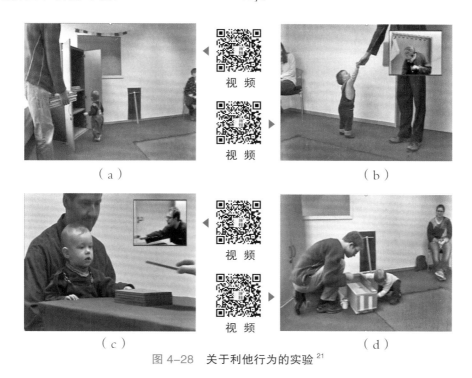

（a）

（b）

（c）

（d）

图4-28 关于利他行为的实验[21]

21 资料来源：Warneken F, Tomasello M. Altruistic helping in human infants and young chimpanzees. Science, 2006, 311(5765): 1301–1303.

第四个实验如此设计：一个东西掉到一个小孔里了，实验者试图取出来，却由于孔太小难以取出；小朋友知道这个箱子有另外一个地方可以打开，而且他认为实验者可能不知道，所以他就会提供帮助，帮忙从另外一个地方拿出掉落的东西，递给实验者 [图 4-28（d），视频在本讲的时段：00:44:42—00:44:59]。

最后，我们介绍一个关于意图预测的实验。这个实验登上了《自然》杂志的子刊《自然人类行为》（2017 年 5 月），其实验设置非常精巧。该实验首先假设某人今天要去一家餐厅吃午饭，餐厅里只有两个供餐位置，如图 4-29 所示，一个在左下角，另一个在右上角；每天在餐厅供餐的商贩是流动的，先到先得，一共有三名商贩会来这里供餐，各提供一种菜系的餐食：韩国菜，记作 K；黎巴嫩菜或者地中海菜，记作 L；墨西哥菜，记作 M。今天提供墨西哥菜的商贩起床晚了没抢到位置，所以餐厅里提供的就是韩国菜和黎巴嫩菜。

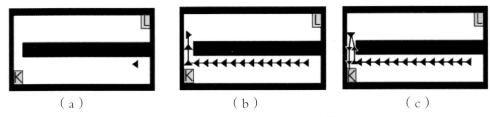

（a）　　　　　　　　　（b）　　　　　　　　　（c）

图 4-29　关于意图预测的实验[22]

紧接着实验者向被试展示了如图 4-29 所示的三张图：在图 4-29（a）中，这个要吃午饭的人开始往左边走找吃的。在图 4-29（b）中，他路过左下角的韩国菜 K 时，没有去买，而是又往上走（要去右上角第二个供餐的位置）。这说明了韩国菜不是他的首选，否则他就会直接就餐而不会去第二个供餐处。在图 4-29（c）中，他继续走，当远远地看到右上角位置是黎巴嫩菜 L 时，他就又折返回来买了韩国菜。现在要求回答：这个人最喜欢吃的是韩国菜还是黎巴嫩菜，或者是墨西哥菜？不难推理，墨西哥菜是他的首选，其次是韩

22　资料来源：Baker C, Jara-Ettinger J, Saxe R, et al. Rational quantitative attribution of beliefs, desires and percepts in human mentalizing. Nature Human Behaviour, 2017, 1(4), Article 0064:1–10.

国菜，最后是黎巴嫩菜。虽然墨西哥菜今天没有出现，但是能通过这个人的行为，推测出一个与今天没有出现的墨西哥菜相关的事实：这个人想吃墨西哥菜，但是今天没有，而相对黎巴嫩菜来说，他还是更喜欢韩国菜一点，所以最后他又折返回来买了韩国菜。

认知推理涉及的内容其实非常丰富，在本讲中只给大家介绍了一些最关键的内容。相信认知推理中许多有意思的实验会给大家留下较为深刻的印象。认知推理方向是人工智能的核心方向之一，还有诸多尚未解决的问题等待大家一起来探索。

 思考题 >>

1. 人类认知产生的过程非常复杂，涉及多个层面（如单个神经元、局部神经回路和大脑网络）。你认为智能是在哪个层面产生的？

2. 是否可能存在统一的认知架构？

3. 参照本讲中人类的认知实验，我们可以如何设计人工智能体？

（在本讲的编写过程中，加利福尼亚大学洛杉矶分校的高涛教授和北京通用人工智能研究院的范丽凤研究员提供了许多帮助。本讲的图文整理工作由北京大学的博士研究生徐满杰完成。在此一并表示感谢。）

林 宙 辰

北京大学博雅特聘教授，智能学院副院长，国家自然科学基金委
员会杰出青年科学基金获得者，IAPR/IEEE/CSIG/AAIA 会士，
中国图象图形学学会机器视觉专业委员会前主任，中国自动化学
会模式识别与机器智能专业委员会副主任。目前主要研究领域为
机器学习、数值优化。

第五讲

机器自我成长进步
——机器学习

机器学习是人工智能的核心领域之一，主要研究如何使计算机模拟或实现人类学习活动。这一讲将介绍机器学习的基本概念、基本理论与技术、有趣的应用例子、重大的理论问题等，以平实的语言、丰富的图画带领大家领略机器学习方向的概貌。

AI 5.1 一个例子

图 5-1 给出了一个模拟婴儿能力增长的例子，该例子展示了婴儿所拥有的双手交互能力会随着月龄的增长而增长（图中只展示部分月龄，视频在本讲的时段：00:01:50—00:02:05）。我们希望机器拥有类似的能力，能够自己学习、自我提升、自我成长。

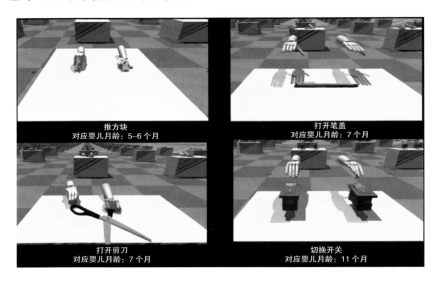

视 频

图 5-1 婴儿双手交互能力增长的计算机模拟展示

AI 5.2 人类学习与机器学习

5.2.1 学习的认知基础

心智理论被认为是学习的认知基础，它是指个体理解自己与他人的心理状态（包括情绪、意图、期望、思考和意念等），并借此信息预测和解释他人行为的一种能力。

六心模型是针对智能体和外部世界交互所建立的简单心智理论模型。在这个模型里，除了客观的物理世界，还包括智能体本身、别的智能体、智能体的自我认知、对别的智能体的估计、智能体之间的共识，这六个部分构成了六心模型的要素。图 5-2 给出了基于两个智能体 A、B 的六心模型。

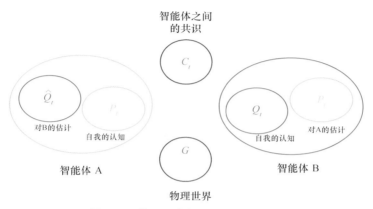

图 5-2　基于两个智能体的六心模型

5.2.2　学习的神经机制

对于人类来说，认知架构的物理基础就是大脑。大脑的不同区域对应着不同的功能，使得人可以从不同的维度和侧面来感知和认知人类所生活的世界（图 5-3）。神经元是大脑的基本构成单位，也叫作神经细胞（图 5-4）。

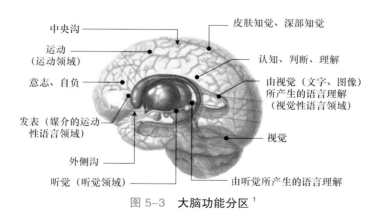

图 5-3　大脑功能分区[1]

1　资料来源：https://www.douban.com/photos/photo/2227473087/large. [2024-06-30].

大脑的活动离不开神经元的参与，大脑中约有 860 亿个神经元，其中每个神经元又和大约 1 万个其他神经元相连接。这些神经连接就是脑内信号和信息传递的通路。

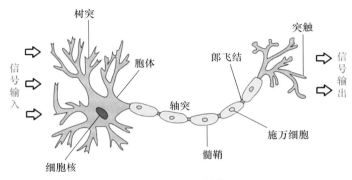

图 5-4　神经元 [2]

人一出生，其大脑就具备了基本的结构和功能。但是，只有与外部接触，接收外界传来的各种信息，大脑中的神经元才能够不断地和其他神经元建立连接，形成不同的通路，从而使人掌握各种技能，自我成长。图 5-5 展示了神经元连接的发展过程。赫布（Hebb）提出了神经元之间建立连接的基本原则：如果神经元一起放电，则它们会倾向于连接在一起，或者已有连接会进一步加强。这个原则被称为赫布原则。

5.2.3　什么是机器学习？

为了让机器拥有学习能力，科学家们不断探索积累，由此逐渐形成了一个重要领域——机器学习，它基于认知基础架构研究如何使计算机模拟或实现人类学习活动的能力。

机器学习需要从经验数据中提取信息来对新的数据进行分析和判断。比如，人看过少量的苹果和梨的样子之后就可以判断新给的水果是苹果还是梨，我们也希望计算机拥有同样的能力（图 5-6），类似的判断问题就是机器学习研究的内容之一。

2　资料来源：https://s2.51cto.com/images/blog/202108/07/b6c22e4c32879208811b5f1639a2bd5e.jpeg . [2024-06-30].

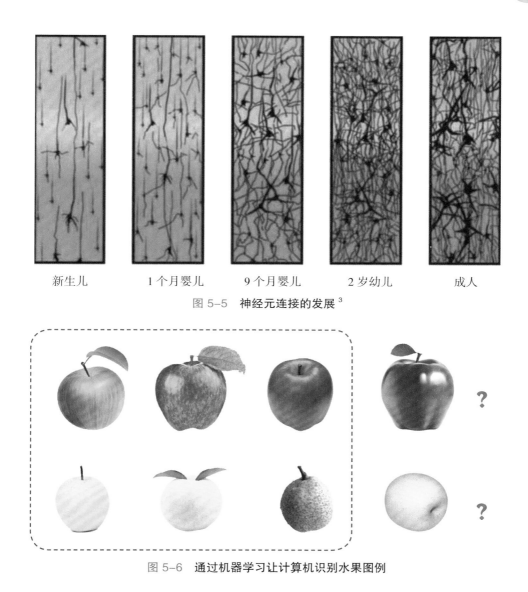

| 新生儿 | 1 个月婴儿 | 9 个月婴儿 | 2 岁幼儿 | 成人 |

图 5-5　神经元连接的发展 [3]

图 5-6　通过机器学习让计算机识别水果图例

　　机器学习的一般过程如下：首先，基于认知基础架构，智能体对任务、技能进行建模，设计出一个合适的学习机制，也就是学习算法；然后，开始尝试任务、技能，得到反馈，由此收集到新的基于反馈的信息，也就是

3　资料来源：https://zhuanlan.zhihu.com/p/25651319. [2024-06-30].

新的数据；最后，利用学习机制进行下一次尝试，获得进一步的反馈，得到新的数据，并基于此对智能体的认知架构进行更新。

值得注意的是，智能体获得什么样的信息数据，取决于其认知架构。比如，如果智能体不具备视觉信息处理的能力，那么所获得的数据肯定也不会包括颜色、形状等视觉信息。迄今为止，机器学习技术还是作为算法运行在计算机上，以对人类的学习过程和学习机制进行模拟。它受限于冯·诺依曼（von Neumann）计算框架，且不同的认知架构直接决定了不同的学习方式。

5.2.4　人类学习与机器学习的区别

虽然机器学习经过了 40 多年的发展，但它和人类学习相比还有很多区别和很大差距。

第一，目前机器学习算法主要运行在计算机上，要受到冯·诺依曼计算框架的限制，所有计算都要表达成数字，而人脑的运行机制目前尚不明了。

第二，在学习新的技能时，机器学习往往需要较多的数据，而人类学习通常不需要。

第三，机器学习难以整合多模态数据，而人类学习天然可以融合通过视、听、触等获得的多模态信息。

第四，机器学习难以融合数值计算和逻辑推理，难以提炼因果关系，而人类学习可以融合数值计算和逻辑推理，较为擅长观察因果关系。

第五，机器学习通常是对给定的一个学习任务进行学习，而且是短期学习，即学习之后很少会再进行进一步的学习和训练；人类学习刚好相反，学习之后可以产生自主的学习任务，而且是终身学习，即人类学习的过程是持续不断地进行的。

AI 5.3　机器学习简介

5.3.1　机器学习在人工智能中的地位

纵观人工智能 60 多年的发展历史，它经历了推理期、知识期和机器学习期三个阶段。在推理期，科学家们试图把逻辑推理能力赋予机器；在知识期，科学家们试图将所总结的人类知识教给机器。这两种让机器拥有智能的途径都被证明有重大缺陷。相应地，所打造的机器的智能水平非常有限。

20 世纪 80 年代以来，随着各种信息数据的增多，人工智能进入了机器学习阶段。在这一阶段，科学家们让机器从数据中自动学习模型和算法。以深度学习为代表，机器学习取得了重大突破，在语音识别、图像识别、自然语言处理等领域取得了巨大成功。

由于当前人工智能技术强烈依赖于数据，而机器学习又主要关注从数据中进行自动分析和建模，因此毫不夸张地说，机器学习在当前人工智能技术中占据着核心地位，是人工智能的核心领域之一。无论是人工智能的其他核心领域（如计算机视觉和自然语言处理等），还是人工智能的具体应用（如智能交通、智慧医疗等），都离不开机器学习的理论和算法。往往在机器学习有了重大突破后，人工智能的其他领域也会取得重大进展，因此机器学习一直是人工智能及相关专业学生的一门必修课程。

5.3.2　通信学习

我们已经知道，机器学习主要研究如何使计算机模拟或实现人类学习活动。为了形象化地描述机器学习，我们先回想一下自己平时在课堂上的学习过程。

5.3.2.1　学生的课堂学习过程

在课堂上，老师和学生要进行互动，这样才能达到良好的教学效果。老师可能需要考虑的是：需要教给学生什么样的知识、给学生传达什么样的信息，对学生的学习才最有帮助？即什么信息最能帮助学生学习？而学生可能需要考虑的是：老师给了我这些信息，老师实际上希望我学到什么？如果学生很积极地思考，那么他会很快地吸收老师所教授的知识（图 5-7）。基于老师和学生之间的这种通信和互相对彼此的预期，就可以达到较好的学习效果。

5.3.2.2　通信学习：统一的学习框架

不难看出，学习并不是什么非常复杂的过程，本质就是具有语义信息的高效传输和通信。回到机器学习，道理是一样的。这里，我们基于六心模型提出一个叫作通信学习的统一学习框架，如图 5-8 所示。

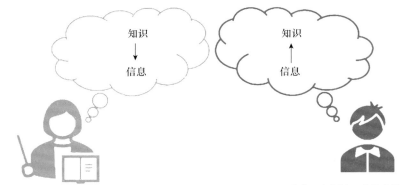

图 5-7　学生的课堂学习过程示意

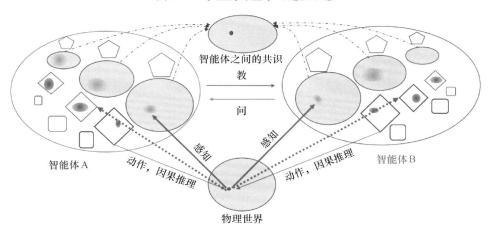

图 5-8　通信学习的统一学习框架

在图 5-8 中，智能体 A 拥有很多知识，也具备对自身的认知，还有对智能体 B 的预期（估计）。另一个智能体 B，与智能体 A 类似，也拥有很多知识，具备对自身的认知以及对智能体 A 的预期。这两个智能体都可以与客观的物理世界进行交互，最终要对一个共同的任务达成共识。在这个过程中，在跟物理世界进行交互的同时，智能体 A 和 B 之间也可以交流。在这个统一的学习框架里，每种连线都对应一种学习方式。通信学习这一学习框架可以统一目前常见的机器学习范式，如监督学习、强化学习、模仿学习、因果学习、主动学习等。

下面演示的例子表明，可以通过通信学习教会一个机器人不同的物体的概念（图5-9，视频在本讲的时段：00:12:09—00:13:38）。在演示中，我们指向桌面上不同的物体，并且告诉机器人这些物体的名字。注意，我们给这些物体都起了常见的人或物的名字。这个过程可以理解为带自己的朋友来到教室里，然后给朋友介绍各位同学的名字。

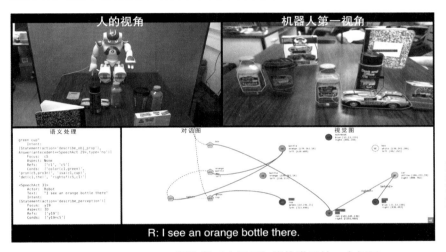

视 频

图 5-9　通信学习应用于智能体学习的一个例子

注意观察图5-9的右下角，在每次介绍，也就是每次通信之后，机器人的认知都在改变，每次通信要么增加一些新的连边，要么修改了一些原本错误的认知，这个过程其实与大脑的神经元之间添加或改变连接非常类似。这个机器人在交互的过程中自我成长，从而使它的认知空间和教它的人的认知空间逐渐趋同，最终机器人就能答对某个物体是什么的问题。

5.3.3　机器学习方式的主要分类

根据智能体所拥有信息的情况，机器学习有四种主要方式：监督学习、无监督学习、半监督学习和强化学习。

5.3.3.1 监督学习

监督学习是最为简单明了的一种学习方式。在这种学习方式下，我们对所有的数据都做好标注（比如，这些是苹果和那些是香蕉），然后把数据和标注信息一起传给智能体。在智能体利用标注数据进行学习之后，它就拥有了一定的对新数据进行预测的能力。比如，当我们拿出一个苹果或者香蕉，问智能体这是什么时，它就可以告诉我们这是苹果还是香蕉（图5-10）。这个学习过程可以理解为：我们向智能体提出问题，同时也把答案告诉智能体，然后智能体自己找出问题和答案之间的关联。这与我们的课堂教学非常类似。

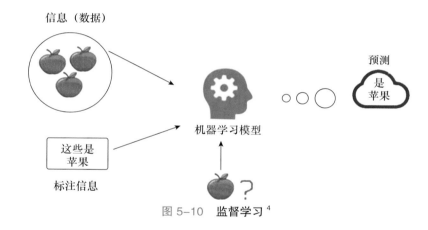

图 5-10　监督学习[4]

监督学习的主要缺点是：标注数据的成本比较高，难以提供大量的标注数据。

5.3.3.2 无监督学习

无监督学习，是指给智能体一堆数据，但是都没有标注，即没有答案，让智能体根据自己定义的相似性来找出哪些数据属于同一类，哪些数据不属于这一类。

无监督学习很像是学生自学。比如，我们给智能体提供一些苹果和香蕉的图像，这些图像中都没有标注哪些是苹果，哪些是香蕉，然后让智能体根

4　资料来源：https://www.educba.com/what-is-supervised-learning/. [2024-06-30].

据颜色、形状等信息自动发现苹果的图像应归于一类，香蕉的图像应归于另一类（图5-11）。不过，智能体不知道苹果那一类应该叫作苹果，香蕉那一类应该叫作香蕉，因为我们没有告诉它苹果和香蕉的名称。

图5-11　无监督学习[5]

在远古时期人们经常需要进行无监督学习，因为很多概念还没有产生，人们只能通过观察相似性来区分、认识各种事物。无监督学习的成本是最低的，因为无标注数据相对来说比较容易获得。但是，无监督学习的准确率往往比监督学习的准确率低。

5.3.3.3　半监督学习

半监督学习是介于监督和无监督学习之间的学习方式。在这种学习方式下，一方面，我们给智能体提供一部分标注好的数据；另一方面，我们给智能体提供大量的无标注数据，让智能体根据无标注数据和标注数据之间的相似性对数据进行分类。比如，我们给智能体提供一些苹果、橙子和香蕉的图像，其中只有少部分做了标注，然后让智能体对这些图像进行分类。智能体通过相似性就可以把橙子归成一类，然后把苹果也归成一类，最后把香蕉归成第三类（图5-12）。

这种学习方式就像学生大部分时间都在自学，但是也可以找老师问问题一样。在现实社会中，人们也在进行大量的半监督学习。半监督学习是一种比较高效的学习方式。

5　资料来源：https://www.educba.com/what-is-supervised-learning/. [2024-06-30].

标注数据　　　　无标注数据

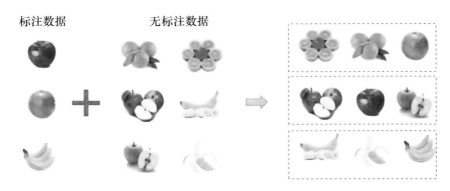

图 5-12　半监督学习[6]

5.3.3.4　强化学习

强化学习是指这样的学习方式：让智能体自己去探索环境，并根据当前环境的状态和智能体获得的奖励来决定其下一步的行动；根据智能体的行动相应地改变环境的状态，智能体再进一步获得相应的奖励；如此循环，直到智能体学到合适的策略，对环境的不同状态都能采取合适的行动，从而使得它获得的奖励总体上最多（图 5-13）。这就好像学生学习解题时老师并不直接提供答案，而是给予奖罚，即做得好的时候给学生一块糖，做得不好的时候就训一顿，使学生可以在奖惩过程中学会怎么解题。

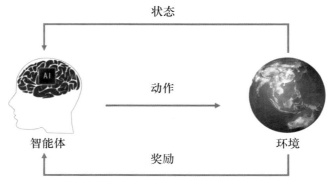

图 5-13　强化学习示意[7]

6　资料来源：https://zhuanlan.zhihu.com/p/514835912. [2024-06-30].

7　资料来源：https://zhuanlan.zhihu.com/p/159446224?. [2024-06-30].

5.3.4 机器学习的层级

除了根据智能体所提供的信息类型对机器学习进行分类外，还可以根据认知架构的工作方式对机器学习进行如下层级划分：

第一层级：统计学习；

第二层级：功能学习；

第三层级：价值学习。

5.3.4.1 第一层级：统计学习

机器学习最基础的层级是统计学习，这个层级的机器学习的特点是：每给一项任务，机器都要收集大量的数据，在大量的数据中总结对象的特点和模式，因此数据利用率低，机器学到的模型也不太可靠。比如，如果想让机器学会"什么是椅子"，就要像图5-14（a）所展示的那样，给机器提供各种各样的椅子（不同的形状、材质和颜色等）。然而，总有一些像图5-14（b）中的形状或者颜色奇怪的椅子，它们和图5-14（a）中的椅子差别是比较大的，但也可以提供"坐"的功能。所以，从图5-14（a）中的椅子提取的特征可能很难应用到图5-14（b）中的椅子上。

（a）   （b）

图5-14 统计学习：什么是椅子？

因此，统计学习的主要缺点在于：面向一个特定的任务；总会有很多特例，很难泛化（很难推广到未见过的数据上）。另外，如果是基于深度学习的，往往这个学习过程是不可解释的，而且很难被人理解。同样的问题在视频监控、无人驾驶及医疗读片等领域中都可能碰到。

统计学习主要研究如下几个方面的问题：回归、分类、聚类、关系挖掘、数据生成等。

·回归

回归是一种统计方法，它通过计算变量之间的相关系数来估计变量之间的关系式。回归可用于预测：根据过往数据对某个感兴趣的量进行数量上的预测。比如，图 5-15（a）中展示的是人的体重和身高之间的关系，如果能把图中的黄线（线性回归曲线）找出来，我们就可以利用它来预测一个 90 kg 的人的身高是多少。也就是说，可以根据一个人的体重来预测其身高。

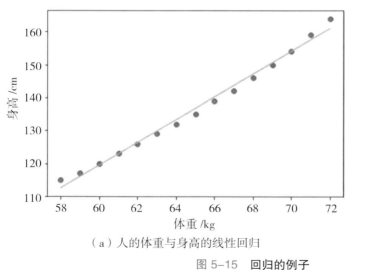

开普勒

（a）人的体重与身高的线性回归　　（b）行星运动轨迹

图 5-15　回归的例子

科学史上最著名的回归的例子，是开普勒（Kepler）发现行星运动定律。开普勒的导师第谷·布拉赫（Tycho Brahe）在 30 年中记录了很多行星运动的数据，开普勒根据这些数据发现行星的运动轨迹是椭圆 [图 5-15（b）]，而非通常认为的圆。他的发现导致了天文学的革命。

最简单、最常用的回归方法就是线性回归，指的是找出一条直线或者一个平面（包括高维平面），使得数据点偏离它的总体误差是最小的。图 5-16（a）给出了一元线性回归的示意图。回归的一个有趣的应用是做交通流量预测：对于每个交通点，我们可以根据过往时间点上的交通流量来预测下一个时刻的交通流量，从而对一个城市整体上的交通进行调控 [图 5-16(b)]。

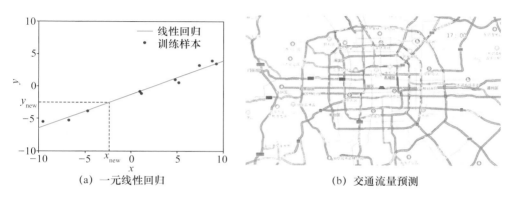

(a) 一元线性回归　　　　　　　　(b) 交通流量预测

图 5-16　回归的常用方法和有趣应用

· 分类

有时候我们并不需要对事物做具体的数值预测，而是关心它们属于什么类别，这就属于分类问题。在关于分类的学习上，我们需要准备一些数据，对其中一部分数据标注其类别，要求智能体判定新的数据属于哪一类。

分类常用的方法之一是决策树。举一个例子，我们平时买西瓜的时候，可以利用决策树，通过考察纹理、触感及根蒂等因素来判断西瓜好不好，如图 5-17（a）所示。分类的一个有趣的应用是人脸识别：根据人脸的不同特征来判断是不是同一个人，或者识别出是哪一个人。当然，随着技术的进步，我们现在不再需要手工来定义人脸特征（人脸的细微特征很多，手工定义耗时费力），而是交给智能体进行自主学习，主流方法就是现在的深度学习方法。

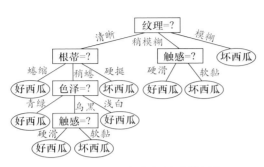

(a) 判断西瓜好与坏的决策树[6]

(b) 人脸识别

图 5-17　分类的常用方法和有趣应用

· 聚类

聚类是把类似的对象根据一定的相似性度量放在一起，其中相似性度量可以根据不同的任务定义。举一个例子，我们提供若干张苹果和梨的图像，但是并没有告诉计算机哪些是苹果，哪些是梨，要求计算机根据自己定义的一些相似性对这些图像进行聚类。这时，如图 5-18 所示，计算机可以根据水果的颜色进行聚类，将它们分成上、下两组；可以根据水果有没有叶子进行聚类，得到相应的聚类结果；可以根据水果是不是黄色进行聚类，得到相应的聚类结果；可以根据水果是不是绿色进行聚类，得到相应的聚类结果。由此可见，不同的相似性度量会导致不同的聚类结果。

常用的最有代表性的聚类方法是 k-均值聚类：给定一些样本点，首先，随机产生一些类中心，并根据预先选定的距离计算出离每个样本点最近的类中心；然后，根据计算所得信息把这些样本点划分成隶属于相应类中心的若干类；最后，每类重新计算类中心，并根据离类中心距离最小的原则把这些样本点进行重新划分。持续迭代样本点重新划分的过程，直到各类中心不再发生变化为止 [图 5-19（a）]。

8　资料来源：周志华．机器学习．北京：清华大学出版社，2016.

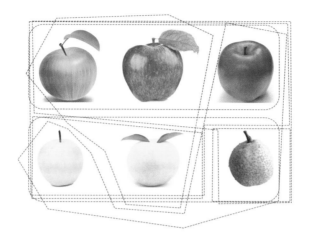

图 5-18 聚类的例子

聚类的一个有趣应用是电影推荐：在基于聚类的电影推荐应用中，需要把电影聚类，使具有类似特征的电影归到同一类里；同时，也要把具有相似特征的用户聚在一起 [图 5-19 (b)]。这样就可以把类似的电影推荐给类似的用户了。

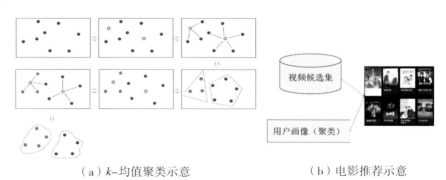

（a）k-均值聚类示意　　　　　　　（b）电影推荐示意

图 5-19 聚类的常用方法和有趣应用[9]

· 关系挖掘

关系挖掘是指从数据中找出研究对象之间潜藏的关系。比如，很多中药可

9　资料来源：https://halderadhika91.medium.com/k-means-clustering-understanding-algorithm-with-animation-and-code-6e644993afab. [2024-06-30].

能对某一种具体的疾病会联合产生一些作用，这样中药之间就产生了一些关联。我们可以利用关系挖掘找出中药之间的关系（图 5-20）。

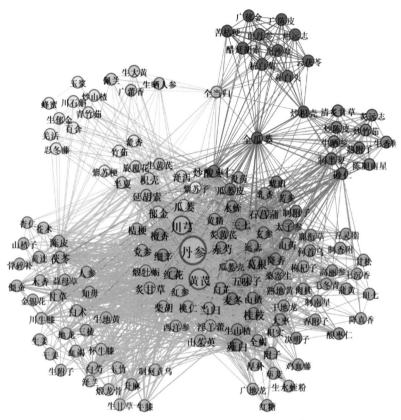

图 5-20　关系挖掘：中药之间的关系[10]

　　一个常用的、具有代表性的关系挖掘方法是子图发现。以图论中的图为例，把有不同邻居数的节点作为候选，通过不同的相似度匹配和结构变换，使其可以在同一个空间中拥有对应的编码，最终我们可以发现一些在图中频繁出现的子关联和结构 [图 5-21（a）]。比如药物，每个药物分子其实就是一个图，不同的原子占据着图中不同的节点，受限于自然化学规律和功能表达，有作用的药物分子经常会有一些类似的结构。这些结构或者与其有效性

10　资料来源：http://www.hcworkshop.xin/?p=1472. [2024-06-30].

有关，或者与其有毒性有关。通过子结构关系挖掘，我们可以发明或筛选出新的药物，这也就是关系挖掘的一个有趣应用——AI制药［图5-21（b）］。

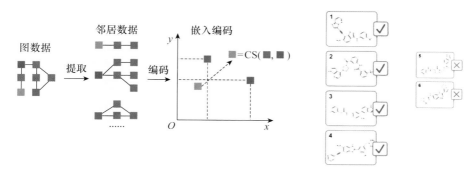

（a）子图发现示意（CS为余弦相似性度量）　　　　　（b）AI制药示意

图5-21　关系挖掘的常用方法和有趣应用[11]

· 数据生成

除了根据已有的数据进行学习外，机器还可以生成新的数据，这属于数据生成问题。图5-22（a）展示的是计算机生成的手写体数字图像，图5-22（b）给出的是计算机生成的人脸图像。

 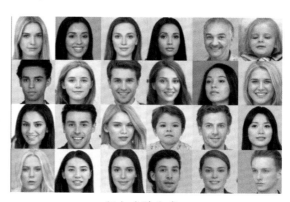

（a）手写体数字生成　　　　　　　　（b）人脸生成

图5-22　数据生成[12]

11　资料来源：https://seunghan96.github.io/gnn/gnn12/. [2024-06-30].

12　资料来源：https://www.newscientist.com/article/2308312-fake-faces-created-by-ai-look-more-trustworthy-than-real-people/. [2024-06-30].

数据生成的一个常用方法是图文空间联合建模 [图 5–23（a）]：比如，给定一个输入图像，我们可以通过扩散模型逐渐把它变成一个随机噪声图像，每步的变化比较微小，使得它是可逆的，把这个可逆的过程记录下来；然后，给系统一个随机噪声图像，就可以通过这个可逆的过程生成一个新的图像。

数据生成的一个有趣应用是由文字生成卡通图像 [图 5–23（b）]。我们先输入很多描述卡通特征的文字，然后系统就可以根据提示，生成具有对应特征的卡通图像。

扩散过程（从数据信息到随机分布）

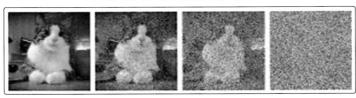

解码（从随机分布复原到原数据信息）

(a) 图文空间联合建模

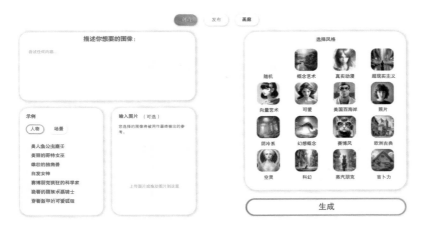

(b) 从文字生成卡通图像

图 5–23　数据生成的常用方法和有趣应用 [13]

13　资料来源：https://www.cs.rice.edu/~vo9/cv-seminar/slides/aman-diffusion.pdf. [2024-06-30].

5.3.4.2　第二层级：功能学习

我们知道，统计学习的缺陷是面向特定任务、不好泛化等。为了解决这些问题，我们可以不拘泥于特定的数据，而是利用其背后所反映的功能来学习，即进行功能学习。

还以学习什么是"椅子"为例（图 5-24）。如果我们抛开"椅子"的具体形状、颜色和材质，只关注它的功能，也就是给人提供"坐"的服务的功能，就可以完成从类别识别到功能感知的切换。

视觉感知
＋
物理想象

图 5-24　功能学习：什么是"椅子"？

功能，在某种意义上也可以理解成因果关系，事物提供的功能服务是"因"，产生的不同影响是"果"。因果分析是更高级的机器学习的研究内容之一。图灵奖得主朱迪亚·珀尔（Judea Pearl）提出了因果之梯（图 5-25），指出因果分析也是有层级的。

由图 5-25 可见，因果分析中最底层的是关联，即提取对象之间的关联关系。这是被动的观察。值得注意的是，得到的关联关系并不一定是因果关系，比如公鸡打鸣和太阳升起之间的关系，只是关联关系而不是因果关系。

往上一层是干预，即通过改变条件和环境后观察其效果来总结因果关系。比如，如果我们不让公鸡打鸣，还看到了太阳照样升起，那么就可以得出结论：公鸡打鸣不是太阳升起的原因。

再往上一层是反事实，就是想象如果条件与事实不一样，会发生什么。

这相当于用理论来进行预测，看看预测的结果是否符合实际，以此检验因果关系。

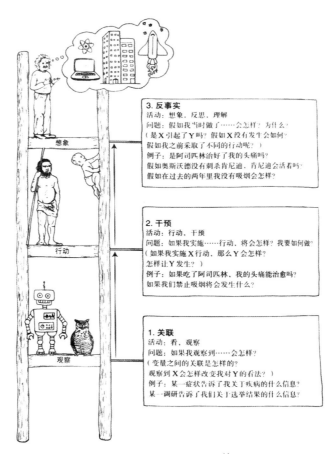

图 5-25　因果之梯[14]

　　因果分析的一个常用方法是干预与概率调整 [图 5-26 (a)]。在预测模型中，经常会混淆 "关联" 和 "因果"，误将 "a 和 b 是相关的" 理解为 "a 导致了 b"。比如，太阳升起的时候公鸡会打鸣，然而公鸡打鸣并不是引起太阳升起的原因。通过对容易混淆的因子的影响进行不同形式的干预与概率

14　资料来源：朱迪亚·珀尔，达纳·麦肯齐.为什么：关于因果关系的新科学.江生，于华，译.北京：中信出版社，2019.

调整，我们就可以明确两个变量之间的直接关系。

因果分析在精准医疗上有着重要的应用 [图 5-26（b）]。随着数据量的上升，近来越来越多的研究尝试主动发现药物和不同治疗方案对个体产生的影响，以便为每名患者提供更精细化的治疗方案。

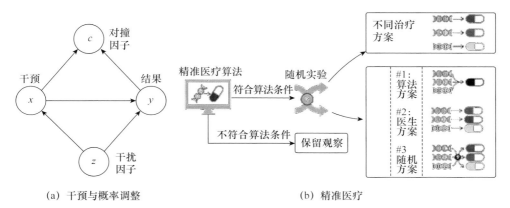

（a）干预与概率调整　　　　　　　　　　（b）精准医疗

图 5-26　因果分析的常用方法和重要应用

5.3.4.3　第三层级：价值学习

机器学习的第三层级是价值学习，其目的是让智能体在功能之上更进一步关注其背后提供了什么样的价值，让价值来引导智能体的行为。比如，床和椅子在价值本质上都一样，都是为了让人舒服。由此受到启发，我们可以预测人坐在不同椅子上的姿势和受力分布以判定坐得舒服的程度，越舒服，价值就越高（图 5-27）。

图 5-27　价值学习：人坐在椅子上的舒服程度

再举一个关于价值学习的例子：智能体整理桌面上的积木（图 5-28，视频在本讲的时段：00:31:30—00:32:22）。这时，价值高对应着分好类、放整齐，即桌面整洁。由此引导智能体的对象选择和行动目标。最后可以看到，智能体的确把桌面给收拾整齐了。

视 频

图 5-28　价值学习：智能体根据"桌面整洁"这一价值收拾桌子

图 5-29 也是一个关于价值学习的例子，其中图 5-29（a）展示了机器人叠衣服的过程（视频在本讲的时段：00:32:22—00:32:50），图 5-29（b）显示了叠衣服过程中"衣服整齐"这一价值慢慢攀升。在衣服处于不同的状态时，价值在不断地变化。一旦智能体掌握了这种价值函数，除了叠衣服，它也可以叠裤子甚至任何别的衣物，因此价值学习非常重要。

视 频

叠衣服和裤子过程中价值函数的攀升

（a）机器人叠衣服的过程　　　　　（b）叠衣服过程中"衣服整齐"
　　　　　　　　　　　　　　　　　　　 这一价值慢慢攀升

图 5-29　价值学习：叠衣服

AI 5.4 有趣的应用例子

本节我们介绍几个和机器学习应用密切相关的有趣例子。

5.4.1 AlphaGo

可能大家还有印象，2016 年人工智能围棋机器人 AlphaGo 横空出世，击败了围棋世界冠军李世石，比分是 4∶1（图 5-30）。

图 5-30　AlphaGo 与围棋世界冠军李世石对弈[15]

AlphaGo 是由 DeepMind 公司开发的，它有四个用于思考的神经网络模块：快速落子网络、专家训练网络、自我提升网络和价值判断网络。其中，前三个神经网络都以当前围棋对弈局面为输入，经过计算后输出可能的落子选择和对应的概率。概率越大的点意味着神经网络更倾向于往那一点的位置落子。这个概率是针对输入局面下所有可能的落子方法计算的，也就是每个可能的落子点都有一个概率，当然会有不少概率为 0 的点。第四个神经网络是进行价值判断的，输入一个对弈的局面，它会计算出这个局面下黑棋和白棋的胜率（图 5-31）。

后来 DeepMind 公司又开发出了 AlphaGo Zero。和 AlphaGo 不同，它不是从人类的棋谱中学习，而是通过两台计算机对弈来进行学习。

15　资料来源：https://baijiahao.baidu.com/s?id=1688582587278707974&wfr=spider&for=pc. [2024-06-30].

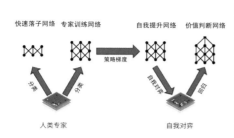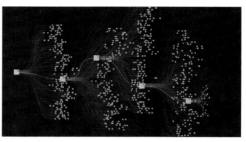

图 5-31 AlphaGo 算法示意 [16]

图 5-32 是 AlphaGo 家族的开发历程。图 5-32（a）中蓝色的四款围棋机器人版本都是 DeepMind 公司开发的 AlphaGo 家族成员。2015 年年底跟樊麾对弈的 AlphaGo（记为 AlphaGo Fan），当时还比较弱，等级分（棋力表现）只有 3000 多一点；2016 年年初跟李世石对弈的 AlphaGo（记为 AlphaGo Lee），其等级分就比对战樊麾的版本高许多。后来又开发出了 AlphaGo Master，最后到了 AlphaGo Zero。我们在图 5-32（b）中可以看到 AlphaGo Zero 的训练过程，才训练了 3 天多，它的棋力就超过了 AlphaGo Lee 的棋力，在训练到 27 天左右，它的棋力就超过了 AlphaGo Master 的棋力，等级分超过了 5000 分。

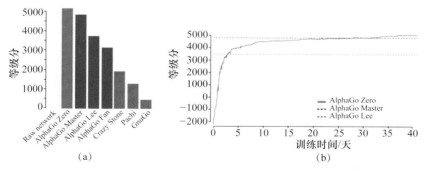

图 5-32 AlphaGo 家族的开发历程 [17]

16 资料来源：Silver D, Huang A, Maddison C J, et al. Mastering the game of Go with deep neural networks and tree search. Nature, 2016, 529(7587): 484–489.

17 资料来源：Silver D, Schrittwieser J, Simonyan K, et al. Mastering the game of Go without human knowledge. Nature, 2017, 550(7676): 354–359.

5.4.2　AlphaFold2

2021 年 DeepMind 公司又推出了 AlphaFold2，用于预测蛋白质的空间结构。蛋白质是组成人体的主要成分之一，人体中有十几万种蛋白质。蛋白质的基本组成单元是氨基酸，由不同排列组合的氨基酸连接起来的多肽链在三维空间中扭曲折叠形成了三维空间结构，这种结构很大程度上决定了蛋白质的功能。因此，预测蛋白质结构可以加深我们对蛋白质功能的认识。AlphaFold2 所预测的蛋白质结构和实验测定的蛋白质结构之间，在很多情况下误差小于一个原子的距离。图 5-33 展示了两种蛋白质的真实结构与 AlphaFold2 的预测结构的对比。AlphaFold2 被认为是实验结构生物学近 50 年来最重大的进展。

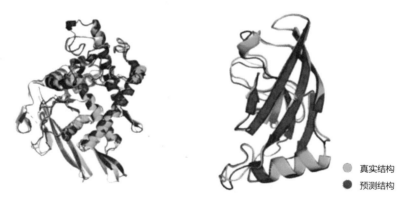

真实结构
预测结构

图 5-33　两种蛋白质的真实结构与 AlphaFold2 的预测结构的对比 [18]

5.4.3　ChatGPT

AlphaGo 和 AlphaFold2 这两个例子，是人工智能机器学习方向在相应领域取得的重大突破，但都是限于各专业领域的。在 2022 年年底，机器学习的突破来到了我们普通人的身边。ChatGPT 是 OpenAI 开发的一个大型预训练语言模型，可以在对话中生成类似人类的文本响应。

18　资料来源：Jumper J, Evans R, Pritzel A, et al. Highly accurate protein structure prediction with AlphaFold. Nature, 2021, 596(7873): 583–589.

作者与 ChatGPT 进行了对话交互。在交互的过程中，作者问了它几个跟机器学习相关的问题，它都可以给出一个相对较好的回答。比如，作者问它："给现在对人工智能感兴趣的高中生有什么建议吗？"它给出了一些建议，如图 5-34 所示。这些建议在作者看来都是非常有意义的。

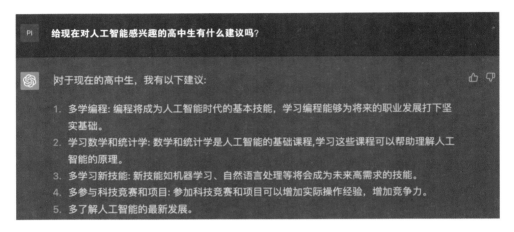

图 5-34　作者与 ChatGPT 的对话交互

AI 5.5　机器学习的重大理论问题

基于通信学习的统一框架，我们需要深入研究如下三个问题：

第一，什么在驱动学习？对于这个问题，我们需要考虑认知框架和价值函数。

第二，如何度量智能体的学习能力？这个问题有点类似于对人进行智商方面的测试。

第三，导致学习停机的条件是什么？这个问题需要我们考虑不同的因素，比如有限的数据、价值、智能体之间的共识等。

下面举一个例子来说明学习能力的极限。图 5-35 给出了类别 1 和类别 2 中很多形状组成的模式，我们需要判断一个由这些形状组成的模式到底是属于类别 1 还是类别 2。经过实验证明，无论提供多少训练数据，神经网络都是没有办法完成这项任务的。因此，对于神经网络来说，这项任务超出了它的学习能力。

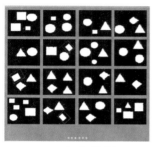
（a）类别1
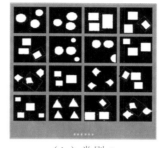
（b）类别2
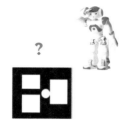

图5-35　学习能力极限的测试

对于给定的一个智能体，如何刻画它的学习能力极限是一个非常基本的问题。

上述第三个问题是机器学习的停机问题，它实际上是问：什么时候可以停止学习？也就是说，什么时候学习已经足够了，我们不需要再做更多的学习了？要回答这个问题，我们需要考虑如下因素：

（1）学习者智商的局限。这就涉及前面提到的学习能力度量问题，比如模型偏差和维度缺失等问题。

（2）与学习者的价值函数有关的因素。比如，如果缺乏持续改善的动机和激励，那么学习者就不想再继续学习下去了。

（3）与教学者的价值函数相关的因素。比如，缺乏样本和价值多样性，所以教学者觉得没有必要再教下去了。

（4）与共识的局限有关的因素。比如，因感知的不同而难以达成共识，使得教与学无法继续进行下去。

介绍上述一些问题，希望能引起大家对机器学习基础理论的重视。

思考题 ≫

1. 你听说过"深蓝"（Deep Blue）吗？"深蓝"和 AlphaGo 哪一个是机器学习系统？

2. ChatGPT 用到了监督学习、无监督学习、半监督学习和强化学习中哪些学习方式？

3. 以下故事是机器生成的还是人编写的？

有一个叫作约翰的年轻人，他一直渴望去探险。

他想要去看看世界上最美丽的地方，也想要去尝试一些从未尝试过的事情。

有一天，约翰看到了一则关于去南极探险的广告。他立刻就做出了决定，他要去南极探险。

约翰花了几个月的时间准备他的探险之旅。他学习了冰川攀爬和雪地滑雪的技巧，并购买了所有必要的装备。

当约翰终于开始他的探险之旅时，他感到无比兴奋。他穿过了冰原，爬上了冰川，在雪地上滑雪。他还遇到了许多友好的动物，比如北极熊和海狮。

最后，约翰到达了南极的顶端。他看到了世界上最美丽的风景，感受到了无与伦比的成就感。他知道，这次冒险是他一生中最难忘的经历之一。

刘 航 欣

北京通用人工智能研究院研究员、机器人实验室副主任。2021 年从加利福尼亚大学洛杉矶分校获得博士学位。在包括《科学》杂志子刊《科学机器人》在内的计算机视觉、机器人学等人工智能领域顶级国际期刊和会议上发表论文 40 余篇，在 2019 年 ACM 中国图灵大会上获最佳论文奖，在 2023 年机器人学领域顶级国际会议 IROS 上获移动操作方向最佳论文提名。

第六讲

未来生活离不开的伙伴
——智能机器人

为什么机器人还没能进入我们的生活，成为我们的伙伴呢？机器人的相关研究，只是针对"机器"吗？当前机器人技术发展到哪一步了？面临什么样的挑战？人工智能如何赋能机器人？这一讲就带大家详细讨论这些问题。

AI 6.1　机器人：科幻与现实

相信大家对机器人这个概念应该不陌生。在生活中，我们可能见过一些能力比较突出的机器人，也接触过一些不太聪明的机器人。是什么导致了机器人能力的差异呢？我们将从机器人的几个关键技术点入手解答这个问题，同时探讨智能机器人的背景、挑战和机遇。

6.1.1　科幻电影中的机器人

机器人往往是各种科幻电影里的常客。科幻电影中有种类繁多的机器人形象，这些机器人体现了人类的想象力，构建了我们对机器人的认知和期望（图6-1）。其中，有各种创意造型的机器人，它们往往扮演着宠物的角色。还有一大类机器人角色，它们的身体结构和人很相似，但是外表却不一样，我们能一眼看出它们是机器人。这些角色通常有着更朴素、更本源的思想，帮助主角正视初心，起到了良师益友的作用。另外，还有一类机器人角色，它们的外表和人一样，这些机器人的最终目标往往是毁灭人类，自己取而代之。这些形象也许也体现了我们内心深处对技术进步、人工智能发展可能会导致不好结果的不安。

6.1.2　现实中的机器人

电影中有各种不同形象的机器人，那么现实中的机器人形象又是什么样的呢？波士顿动力公司研发的人形机器人经过多年迭代，可以在室内、室外各种各样的地面上行走、奔跑、跳跃，展示了类人的运动能力 [图6-2（a）]；在工业生产中，各种各样的工业机器人——机械臂已经被安装在流水线上，提高了生产效率 [图6-2（b）]；机器狗也登上了春晚的表演舞台 [图6-2（c）]；我们还见过一些类人机器人，它们的外形与人相似，几乎达到了以假乱真的程度 [图6-2（d）]。这些都是现实中的机器人。

其他造型　　　　　　　跟人的结构相似　　　　　　长得跟人相同

图 6-1　一些科幻电影中的机器人

（a）波士顿动力公司研发的人形机器人　　　　　（b）工业机器人

（c）机器狗　　　　　　　　　　　（d）类人机器人

图 6-2　现实中的机器人

6.1.3　它们也是机器人

除了上一小节所列举的几种比较知名的机器人，现实中还有很多机器人，它们以不同的形式、不同的目的出现在不同的地方，比如在宇宙中的火星车、天宫机械臂，在水面上的无人垃圾清扫船，在海底的生态监控机器人，能进入食道内拍照的药丸机器人，等等（图 6-3）。

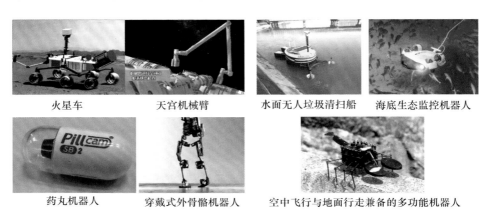

火星车　　　　天宫机械臂　　　水面无人垃圾清扫船　海底生态监控机器人

药丸机器人　　　穿戴式外骨骼机器人　　空中飞行与地面行走兼备的多功能机器人

图 6-3　各种各样的机器人（一）

机器人的研发也结合了各学科的多项技术，比如用特殊材料制作而成的软体机器人、需要精确控制的手术机器人、从生物学获得启发而研制的仿生机器人等，甚至智能音箱和智能轮椅也属于机器人的范畴（图 6-4）。

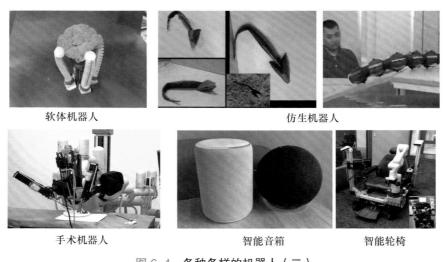

软体机器人　　　　　　　　　　仿生机器人

手术机器人　　　　　智能音箱　　　　智能轮椅

图 6-4　各种各样的机器人（二）

近期比较热门的元宇宙中的虚拟数字人也被认为是一种机器人，只是它们存在于网络虚拟空间，而不是现实空间（图6-5）。

图 6-5　虚拟数字人

　　面向未来机器人领域的工程师和研究人员，也希望机器人能更好地融入我们的生活当中，成为我们的伙伴。比如，在教育、养老、救援等方面，希望机器人能为我们做出更好的服务。图6-6展示了一些用于这些方面的服务机器人。

图 6-6　在教育、养老、救援方面的服务机器人

6.1.4 日常生活中接触到的机器人

在日常生活中，我们也接触到了一些机器人（图 6-7），但有的看起来不太聪明，有时会犯一些很低级的错误，做出一些让人啼笑皆非的反应，甚至会出现故障，伤害到人。

图 6-7 日常生活中接触到的机器人

目前的机器人似乎离成为我们的伙伴还有一段不短的距离。在图 6-8 给出的这个例子中，机器人主动帮助双手都被占用的人打开房门和冰箱门，并且可以按照指令从冰箱中拿出一瓶新的可乐，递给这个人（视频在本讲的时段：00:06:01—00:07:12）。这个机器人可能离我们期望的机器人伙伴更近了一步。然而，机器人为了完成这一对人来说并不复杂的任务，需要结合人工智能多个学科方向上的技术，比如需要用计算机视觉技术识别人和物体，用认知推理技术预测人的目的和意图，用自然语言处理技术与人对话，等等。这些技术最后都要集成到机器人实体上，机器人才能进入我们的生活中并执行任务，为我们服务。

视　频

图 6–8　机器人进入我们的生活并执行任务的例子

6.1.5　未来生活伙伴：智能机器人

一个智能机器人要进入我们的生活，执行为我们服务的任务，它需要有场景理解和任务执行两大能力（图 6–9）。在场景理解中涉及空间定位问题和场景重建问题，而在任务执行中涉及规划控制问题和交互问题。这些问题都是机器人领域中最经典、最核心的问题，都有着丰富的研究基础，但至今仍没有得到很好的解决。我们接下来从原理入手，一起来分析这些问题存在的难点与挑战。

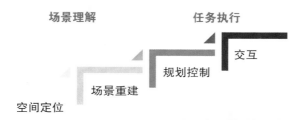

图 6–9　智能机器人的两大能力

6.2　空间定位：场景理解背后的挑战

空间定位是一个具有重要意义的问题，其原理非常简单，但实现困难，且常常会被忽视。

我们在做任何任务之前，都需要搞清楚自己和任务对象在什么位置。比如，我们要去开门，就得知道自己在哪里，门在哪里，才能完成这项任务（图6-10）。这对于机器人来说也是一样，所以定位问题非常重要。

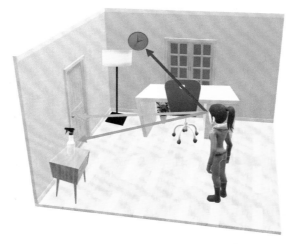

图 6-10　机器人定位问题：开门 [1]

我们往往会依据空间中与其他物体的相对位置来推断自己在哪里。其实，机器人定位所用的方法也类似，原理并不复杂，但是实现起来并不容易。

定位问题常常被忽视，因为生物定位似乎是一种与生俱来的能力，做起来似乎毫不费力。比如，我们在一个房间中可以很轻松地定位自己。然而，人并不是定位能力最强的生物。比如自然界中迁徙的动物，它们能够经过长距离的移动后准确到达目标区域，在这几千千米甚至跨大洲、跨大洋的旅行中，它们时时刻刻都在解决定位问题（图6-11）。

1　资料来源：Qiu S-W, Liu H-X, Zhang Z-Y, et al. Human-robot interaction in a shared augmented reality workspace. IEEE/RSJ International Conference on Intelligent Robots and Systems, Electr Network, 2020–2021.

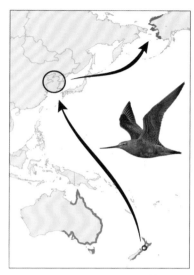

图 6-11　生物定位问题：动物迁徙

　　科学家对定位的生物学基础已经进行了大量的研究，其中 2014 年的诺贝尔生理学或医学奖颁发给了研究定位问题的科学家约翰·欧基夫（John O'Keefe）、梅-布莱特·莫索尔（May-Britt Moser）和爱德华·莫索尔（Edvard I. Moser）（图 6-12）。他们认为，生物是通过大脑中的位置细胞和网格细胞来进行室内定位的：当一个生物在经过环境中某一特定位置时，位置细胞会被激活，而网格细胞则是通过结合该生物的运动信息在场景中以一种呈六边形的模式被重复激活，如图 6-13 所示。尽管如此，我们也只能说这两种细胞对定位起到了关键作用。至今，仍没有科学家能对一个生物如何实现定位的问题给出完整的答案，研究定位的生物学基础仍然是一个重要和前沿的科学问题。

　　在计算层面上，我们主要是用基于信号到达时间的三角剖分法来进行定位的（图 6-14）。假设需要定位的物体能接收到某个基站发出的信号，那么我们可以推测出这个物体就在以这个基站为圆心的固定周长的圆周上；如果还有一个基站，就能推断出这个物体在两个圆相交的两个交点中的一个上；如果能有三个及三个以上的基站，就能明确地知道这个物体在空间中的位置，如图 6-14（a）所示。

约翰·欧基夫　　梅-布莱特·莫索尔　　爱德华·莫索尔

图 6-12　三位因研究定位问题而获得诺贝尔生理学或医学奖的科学家

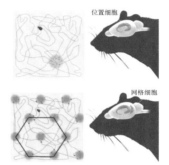

图 6-13　被激活的位置细胞和网格细胞[2]

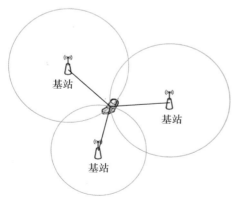

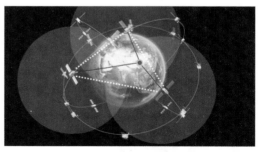

（a）三角剖分法示意　　　　　　　　（b）三角剖分法的应用

图 6-14　基于信号到达时间的三角剖分法

2　资料来源：https://www.nobelprize.org/prizes/medicine/2014/advanced-information/. [2024-06-30].

　　这个简单的原理其实有很重要的应用，比如卫星定位[图6-14（b）]。在现实中，距离测量准确与否直接关系到定位的准确性。在卫星定位中，卫星是在宇宙轨道上高速运动着的，所以需要考虑到相对论中速度对时间的影响，以修正信号到达的时间，否则时间测量上的细微差别放大到地面上就是几十米甚至上百米的定位误差。

　　不过，经过科技人员的不断努力，现在的手机甚至智能手表都能实现很好的定位。那么，定位问题是不是解决了呢？其实，很多机器人是在室内工作的，有时无法接收到卫星信号，这就需要利用传感器融合与滤波的方法来实现室内定位。

　　这与人类结合多种信息来完成定位很类似，其中主要用到的传感器有以下几种：编码器，它可以计算机器人轮子的转动周数，用于推算机器人移动的距离；惯性单元，它通过弹性结构在加速过程中因惯性导致的形变来测量加速度（通过对加速度的积分可以计算出机器人的速度和位移，现在的惯性单元能做成像指甲盖一样大小）；激光雷达和相机，它们就像机器人的眼睛，可以测量机器人到各个关键点的距离，用于推算自身的位置；动作捕捉系统，它被称为室内GPS，是通过多个相机同时识别、跟踪物体而实现定位的（图6-15）。

传感器融合与滤波示意

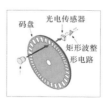

编码器：转动周数

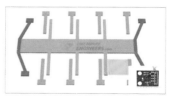

惯性单元：加速度

激光雷达和相机：距离

动作捕捉系统：室内GPS

图6-15　室内定位方法及各种传感器

6.3 场景重建：机器人"局限"的视角

机器人实现比较好的空间定位后，下一步的任务就是场景重建。借助激光雷达和深度相机，机器人可以理解它所处的场景 [图 6-16（a）]。再结合对自身的定位，机器人可以把它所处的环境重建出来。图 6-16（b）所展示的这个场景，在我们的眼中具有丰富的内容，比如有椅子、桌子、电脑、书柜等物体。但是，在机器人的眼中，这个场景并非如此：这个场景采用了点云的表达方式，因此场景中的每个点都对应 6 个数值：(x,y,z,r,g,b)，其中 (x,y,z) 和 (r,g,b) 分别为点在空间中的坐标和 RGB 颜色值。

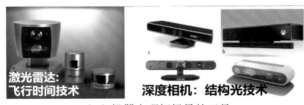

（a）机器人理解场景的工具

（b）场景的点云表达方式

图 6-16　机器人眼中的场景

这样，一个场景中的一系列点无非就是一些数字组合，直接看不出任何实际的意义。于是，需要用计算机视觉中识别物体的技术 [图 6-17（a）]，从这些离散的点中提取出关于物体的信息。另外，还需要结合认知推理技术，进一步分析物体间的相互关系 [图 6-17（b）]。比如，我们知道桌子边上往往会有一把或两把椅子，像这样的知识信息对于机器人理解世界也有非常重要的意义。目前，通过实时场景重建与物体识别，我们的机器人已经能比较有效地识别场景中的物体并完成完整的场景重建（图 6-18，视频在本讲的时段：00:16:49—00:17:09）。

（a）计算机视觉：识别物体　　　　（b）认知推理技术：分析物体间的关系

图 6-17　机器人识别物体及分析物体间的关系

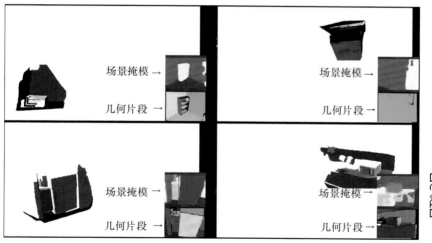

图 6-18　实时场景重建与物体识别 [3]

尽管如此，场景重建还存在不少问题。第一，视觉信息往往是不完整的。

3　资料来源：Han M-Z, Zhang Z-Y, Jiao Z-Y, et al. Scene reconstruction with functional objects for robot autonomy. International Journal of Computer Vision, 2022, 130(12): 2940–2961.

比如，图 6-19 给出的这个重建场景有非常多的空白和残缺。这是因为机器人的传感器只能看到物体表面，没办法观测到被遮挡的部分。对于存在一些遮挡的场景，一般我们可以"脑补"出看不到的部分大致是什么样子的，而不会认为那里就是一片空白。然而，机器人目前还做不到这一点。

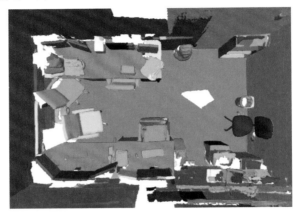

图 6-19　场景重建存在的问题：视觉信息不完整

第二，机器人的视角往往很小，很容易被遮挡，并且可能会快速大幅度晃动（图 6-20，视频在本讲的时段：00:17:54—00:18:35），这些都给机器人的场景重建和计算机视觉能力带来挑战。

视　频

图 6-20　场景重建存在的问题：机器人的视角小，会快速大幅度晃动

　　第三，场景重建过程中的误差是在不断积累的。如图 6-21 所示，机器人在一栋建筑物内对一层的正方形回廊进行重建，在开始阶段重建得还不错，但随着时间的推移，误差不断积累，最终导致重建场景与真实场景之间出现非常大的差异（图 6-21，视频在本讲的时段：00:18:36—00:19:08）。

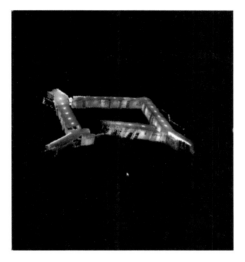

视　频

图 6-21　场景重建存在的问题：误差不断累积

AI 6.4　规划控制：行动中的机器人

　　机器人实现比较好的空间定位、场景理解和重建后，下一个难题就是规划控制。规划主要指机器人的任务规划与运动规划：任务规划主要涉及目标任务的界定、分解及具体部署，属于问题求解的范畴，可以在场景理解的过程中通过推理完成求解，也可以与运动规划一起，通过联合规划实现；运动规划则主要针对目标任务（或分解后的子任务），计算机器人在完成该任务时所需的全身姿态序列。比如，机器人想要开门，它的每个关节都需要处在一个特定的位置（对应着机器人的某个特定姿态），才可以够得到门把手（图 6-22）。

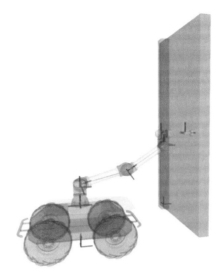

图 6-22　机器人运动规划：机器人开门

我们把机器人的每个关节，即能运动的部位，称为机器人的一个自由度。比如，常见的机械臂包含六七个自由度，或者说有六七个关节。每个关节通过电机驱动，调整电机的输入信号，就能驱动关节运动，使它转动到某一角度。

所以，运动规划问题就是，当机器人具备多个自由度时，统一计算每个自由度所需要转到的角度，使得它们结合起来能让机器人达到特定的姿态。运动规划是机器人具体执行动作以完成任务的直接依据，非常关键，我们将在本讲中予以重点讨论。

6.4.1　运动学建模

运动规划的关键是运动学建模，即构建机器人的运动学模型，包括正向运动学模型和逆向运动学模型。下面以机械臂为例，来看看这两个模型的含义。

正向运动学模型就是在已知机械臂的尺寸及其各关节当前角度 θ_1、θ_2 的前提下，为实现机械臂末端在空间中坐标 (x, y) 的计算而建立的数学模型 [图 6-23（a）]。逆向运动学模型则是基于机械臂末端在空间中的坐标，为反过来实现机械臂各关节所需角度的计算而建立的数学模型 [图 6-23（b）]。逆向运动学模型往往更加关键。例如，如果我们希望机械臂抓起某个物体，那么可以给定这个物体的坐标，让机械臂通过运动规划中的逆向运动学模型自己计算出如何使得它的末端能接触到该物体。

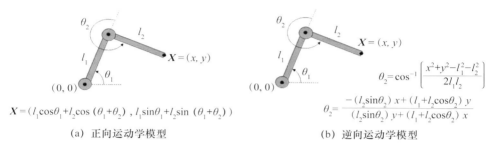

(a) 正向运动学模型　　　　　　　　(b) 逆向运动学模型

图 6-23　机器人的运动学模型[4]

　　图 6-23 所示的正向运动学模型和逆向运动学模型的公式，只涉及高中三角函数的内容，那么为什么运动学建模会成为机器人运动规划的关键呢？这是因为运动学建模面临下面情况引发的一些具体问题 [图 6-24（a）、（b）]：

(a) 存在多个解　　　　　(b) 高自由度　　　　　(c) 障碍物

图 6-24　运动学建模遇到的几种情况

　　第一种情况：存在多个解。比如，两个机械臂的姿态都能触及同一个末端。此时就需要分析在什么情况下哪个解更好，而这需要非常多的额外设计和考虑。

4　资料来源：https://www.cs.princeton.edu/courses/archive/fall00/cs426/lectures/kinematics/ld004. htm . [2024-06-30].

第二种情况：高自由度。比如，一台有两个自由度的简化版机械臂，它的逆向运动学模型解已经稍显复杂，而常见的机械臂往往包含六七个自由度，在三维空间中运作，可以想象求解起来会是多么复杂。

第三种情况：障碍物。在现实环境中往往充斥着非常多的障碍物，即使计算出了机械臂的逆向运动学模型解的公式，要使得机械臂从当前的位置移动到我们想要它到达的目标位置，还存在一个新的问题：如何让机械臂在移动的过程中避开障碍物 [图 6–24（c）]。

对于环境中障碍物的描述，逆向运动学无法囊括。为了解决避开障碍物的问题，我们可以把机器人的工作空间转为构型空间（图 6–25）。在工作空间中，通常用机器人末端的坐标描述机器人的状态，因此很难考虑在什么情况下、什么时候障碍物会妨碍机器人的运动。在构型空间中，我们用机器人的两个关节的旋转角度描述机器人的状态，就能把会与障碍物碰撞的状态挖掉，最终留下来的空白处就是机器人可以自由移动的空间，不再需要考虑碰撞的问题。

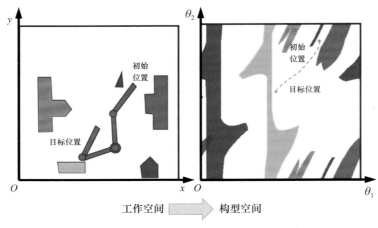

图 6–25　运动规划中躲避障碍物的方法[5]

有了构型空间，给定机器人的当前位置和目标位置，只要找出这两个位

5　资料来源：https://www.cs.princeton.edu/courses/archive/fall00/cs426/lectures/kinematics/sld004.html. [2024-06-30].

置的最短路径，就能保证不发生碰撞。另外，从构型空间的角度来看，机器人小车和机械臂的运动规划问题是等价的，虽然它们的形态和运动模式差别很大。对于机器人小车来说，其工作空间和构型空间是基本一样的。

我们的目标是：通过运动规划，找到机器人当前位置和目标位置之间的最短路径 [6-26（a）]。那么，如何在计算层面上找到机器人当前位置和目标位置之间的最短路径呢？主要有两种方法：一是基于搜索的方法，即以一种系统性的方法从起点逐步扩张，直到终点。二是基于采样的方法，即在空间中随机地撒落非常多的点，把点和点连接起来，并且逐步寻找任意两点的最短连接方式，通过这样的过程不断探索，直至探索到终点或终点附近。随着点数的增加，这条路径会不断修正，直至收敛到一条比较合适的路径 [图6-26（b），视频在本讲的时段：00:26:11—00:27:23]。

（a）我们的目标：最短路径　　　　（b）规划最短路径的两种方法

图 6-26　运动规划：求解最短路径[6]

6.4.2　控制问题

实现了场景重建和运动规划，机器人就可以动起来做各种各样的事情。但是，为了让机器人在现实中能按规划执行任务，还需要考虑控制问题。比如开车，控制就是通过踩油门和刹车，使车稳定地保持某个速度。如果我们希望速度是 100 km/h，当实际速度高于 100 km/h 时，我们就会踩刹车；当

6　资料来源：https://www.youtube.com/watch?v=QR3U1dgc5RE. [2024-06-30].
　　https://www.youtube.com/watch?v=pKnV6ViDpAI. [2024-06-30].

实际速度低于 100 km/h 时，我们就会踩油门（图 6-27）。实际速度和预设速度差别越大，油门或刹车就会被踩得越狠。控制就是通过对系统的数学建模动态地计算和调整输入，使系统保持稳态。

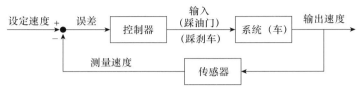

图 6-27　控制问题：开车

控制问题的研究历史非常悠久。瓦特（Watt）改良蒸汽机推动了第一次工业革命，其中一个改良就是添加了瓦特调速器。瓦特调速器如图 6-28 所示，其工作原理是：如果蒸汽机转得太快，瓦特调速器上的两个铁球就会被离心力甩开，带动连杆关小蒸汽阀门，蒸汽少了，蒸汽机转速降低，这样铁球就会因为重力作用而下落，再次带动连杆，使蒸汽阀门打开得大一些，蒸汽机转速又能增加。显然，这属于控制问题。在实际控制执行的过程中，这样的装置运作非常快，而且非常有效。

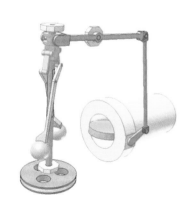

（a）蒸汽机中的瓦特调速器　　　　（b）瓦特调速器的构造

图 6-28　控制问题：瓦特调速器

　　解决了控制问题，机器人就能在现实环境中执行任务了。但是，我们看到的机器人往往都很笨重，远不如人那样灵活轻巧。这是因为目前高自由度的机械臂都是一节一节的，每个关节只有一个自由度，会显得比较笨拙；而我们的手腕和肩膀，具备两个自由度，能很灵活地运动。我们可以通过灵巧的结构设计，实现类人的多自由度关节（图6-29）。

图 6-29　类人的多自由度关节[7]

　　为什么不用类人的多自由度关节结构设计机器人，原因在于运动规划的逆向运动学模型的公式中存在分母部分，不能做除以0的运算。如果把两个自由度合到了一起，则这两个自由度之间的距离就变为0，导致在计算角度时分母变为0；同时，三角函数也有取0的时候，考虑到逆向运动学模型非常复杂，会导致很难时刻保证计算不出现除以0的现象。

　　2015年美国举办的人形机器人挑战赛中，充斥着各种机器人失败的片段，不少机器人上一秒还好好的，下一秒就突然倒下了。导致失败的原因很多，其中首先要检查的是当时计算过程中是不是除以0了。

7　资料来源：https://www.cs.princeton.edu/courses/archive/fall00/cs426/lectures/kinematics/ld004.htm. [2024-06-30].

上述现实中存在的一些问题，都导致运动规划在实际执行过程中存在很多挑战。尽管机器人领域还存在很多挑战，北京大学智能机器人实验室在这方面已经具备了非常深厚的研发基础，也具备了设计和制造人形机器人的能力，自主研发了多种机器人，包括各种轮式机器人、多足机器人、双足类人机器人等，其中自主研发的"北京大学双足类人机器人 PKU-HRx 系列"已开发至六代，共九款（图 6-30）。图 6-30 中也展示了最新两款第六代双足类人机器人（PKU-HR6.0）。

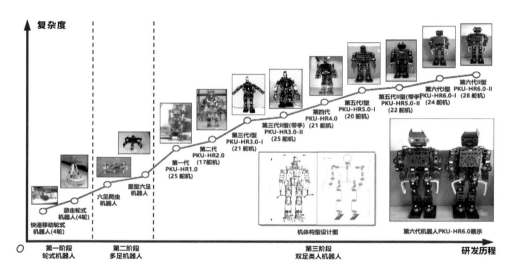

图 6-30　北京大学智能机器人实验室的机器人自主研发历程

AI 6.5　交互问题：与环境和人类共存

让机器人进入现实生活中，还需要解决交互问题，实现机器人与环境和人类共存。生物时时刻刻都在与环境交互。比如图 6-31 中的这只乌鸦，它需要与多个物体接触，通过一根短棍子去够一根长棍子，然后用长棍子够到旁边容器里原本够不着的一块肉，最后成功地吃到肉（视频在本讲的时段：00:33:01—00:33:35）。

视频

图 6-31　乌鸦与环境的交互[8]

　　上述例子中乌鸦与环境的这些交互都是智能现象的体现。交互能力的缺失，会妨碍机器人进一步发展。既然要发生交互，力就是一个避不开的因素。而力却难以被测量和控制。比如，用锤子砸核桃时力度过大，核桃就会被粉碎，力度过小，则砸不开，力度控制得刚刚好才行（图 6-32）。

图 6-32　力度的控制：砸核桃[9]

　　当机器人使用工具——锤子来执行砸核桃任务时，机器人需要对力有一定的了解。同时，我们也要考虑到机器人的机体构型跟人体构型不一样而可能带来的影响。比如，人的一只手有 5 根手指，机器人的一只手可能只有 2 根手指。所以，对于某些任务，机器人也没办法通过模仿人的动作方式来

8　资料来源：https://www.youtube.com/watch?v=QmJ3xuJrUcM. [2024-06-30].

9　资料来源：Zhang Z-Y, Jiao Z-Y, Wang W-Q, et al., Understanding physical effects for effective tool-use. IEEE Robotics and Automation Letters, 2022, 7(4): 9469–9476.

实现。在这种情况下，可以采用结合物理仿真的方式，通过计算模拟出涉及的多种物理量，使机器人从中学习力的概念（图 6-33）。在机器人砸核桃的例子中，可以让机器人尝试锤子的不同抓握方法（图 6-34），使得机器人找到一种对它自身而言较高效的执行方法，这种执行方法与人常用的方法可能会有显著区别。

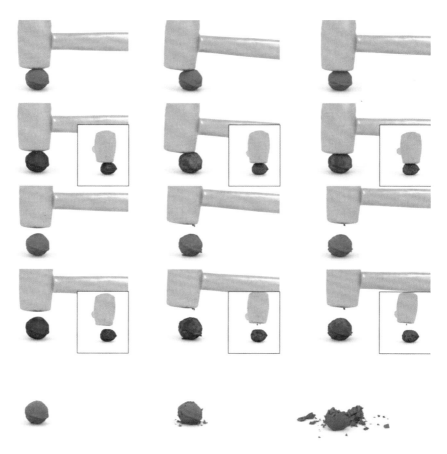

图 6-33　利用物理仿真学习力的概念 [10]

10　资料来源：Liu H-X, Zhang Z-Y, Jiao Z-Y, et al. A reconfigurable data glove for reconstructing physical and virtual grasps. Engineering, 2023, 32: 202–216.

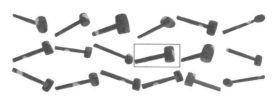

锤子的不同抓握方法

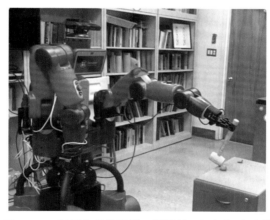

图 6-34　利用物理仿真学习锤子的不同抓握方法[11]

　　还有一种方法是运用专门的设备去采集力的信息。例如，可以运用一种数据手套去测量人手在抓握操作过程中的用力情况。如图 6-35 所示，一种瓶子的瓶盖需要将瓶盖向下压才能打开，另一种瓶子的瓶盖需要按住瓶盖开关才能打开。如果不考虑有关力的信息，打开这两种瓶盖的动作和打开其他普通瓶盖的动作几乎没有区别。基于数据手套的测量数据，我们可以让机器

11　资料来源：Zhang Z-Y, Jiao Z-Y, Wang W-Q, et al. Understanding physical effects for effective tool-use. IEEE Robotics and Automation Letters, 2022, 7(4): 9469–9476.

人在打开瓶盖的过程中学会打开这两种瓶盖的方法（视频在本讲的时段：00:35:07—00:36:08）。

通过 15 个 IMU 采集手势动作
通过 6 个 Velostat 压敏材料采集 26 个位置的法向力

视频

图 6-35　用数据手套采集交互中的数据：打开两种瓶盖的用力情况 [12]

另外，我们可以采用强化学习的方法，让机器人从失败的尝试中积累经验，掌握行走的技能。由图 6-36 中的视频可以看到，机器人经过多次的迭代和训练，最终完成长距离的行走（视频在本讲的时段：00:36:09—00:36:37）。具体操作时，我们可以根据任务目标的特点，比如快的行走速度，修改机器人学习过程中的价值函数，实现让机器人习得快速行走的技能。

我们还可以让机器人去完成多步骤的任务规划。这里举一个简单的例子来说明。首先，通过任务分解得到给定目标任务的依次按步骤执行的多个子

12　资料来源：Liu H-X, Zhang Z-Y, Jiao Z-Y, et al. A reconfigurable data glove for reconstructing physical and virtual grasps. Engineering, 2023, 32: 202–216.

视频

图6-36　机器人从失败中积累经验，自主习得运动行为能力[13]

任务；然后，确定各步骤中机器人完成相应子任务的执行方法（子任务的具体要求，决定了机器人完成该子任务的具体执行方法）；最后，机器人依次按具体执行方法来完成相应的子任务，实现目标任务。比如，图6-37中给出了一个多步骤任务规划的例子（视频在本讲的时段：00:36:38—00:37:10），视频中机器人不能直接够到一个垃圾，它需要先抓起扫把，把垃圾拨近一点，再捡起垃圾并扔掉。

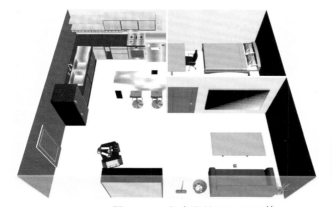

视频

图6-37　多步骤的任务规划[14]

13　资料来源：Luo D-S, Wang Y, Wu X-H. Active online learning of the bipedal walking. 11th IEEE-RAS International Conference on Humanoid Robots, Bled, 2011.

14　资料来源：Jiao Z-Y, Zhang Z-Y, Jiang X, et al. Consolidating kinematic models to promote coordinated mobile manipulations. IEEE International Conference on Intelligent Robots and Systems, Electr Network, 2021.

当然，我们也可以让机器人通过机器学习的方法掌握社交动作，以实现更好的人与机器人的社会交互。图 6-38 给出了一个通过人的肢体动作与机器人进行交流的例子（视频在本讲的时段：00:37:10—00:37:32）。

视 频

图 6-38　通过肢体动作实现与机器人交流[15]

 思考题 »

1. 为什么小车和机械臂的运动规划问题是等价的？

2. 你能推导机械臂的正向运动学模型和逆向运动学模型的公式吗？

15　资料来源：Shu T-M, Gao X-F, Ryoo M S, et al. Learning social affordance grammar from videos: Transferring human interactions to human-robot interactions. 2017 IEEE International Conference on Robotics and Automation, Singapore, 2017.

綦 思 源

北京通用人工智能研究院研究员、多智能体实验室副主任。博士期间研究方向为人工智能、机器视觉与认知科学，曾任职于谷歌总部，目前主要研究领域为多智能体与认知的融合。

第七讲

机器世界不孤单
——多智能体

人工智能技术日新月异，智能体之间的交互也进入了人们的视野。大家应该已经基本了解智能体的概念了。那么，什么是以智能体之间交互为基础的多智能体系统呢？如何为智能体赋予社会智能？这一讲我们从自然界、模拟世界、博弈论、认知心理学等多个角度来探讨这两个问题，带大家认识人工智能中的多智能体系统。

AI 7.1 自然界中的多智能体系统

　　智能体指的是任何能够独立思考，并且可以与环境相交互的实体。人是智能体，野生动物、家养宠物是智能体，自动驾驶汽车也是智能体。多智能体系统指的是由多个智能体组成的集合。自然界中存在很多多智能体系统，它们通过智能体之间的通信和协调形成社会智能。

　　我们所熟知的蜜蜂群，就是一种资源共享、分工精确、相互交流、高度结构化且具有社会智能的群体。在蜜蜂群里面有三种不同的蜜蜂：蜂王、工蜂和雄蜂。蜂王负责种群的繁殖，工蜂负责采集、酿造、抚育下一代小蜜蜂，雄蜂是由蜂王的未受精卵发育而成的。它们通过分工提高工作效率。蜂王和工蜂的基因完全相同，因为饮食比较特殊（蜂王幼年食用的是蜂王浆），蜂王快速产卵的基因被完全表达出来。似乎蜂王应该是整个蜂群的王，由它来领导整个蜂群。实际上不是这样的，任何一只蜜蜂都不能长时间离开群体而单独生存，整个蜂群并非蜂王说了算，而是三种蜜蜂相互制约、相互影响、共同生活，形成社会性群体（图 7-1）。

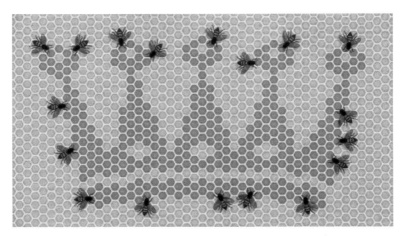

图 7-1　蜜蜂群：有社会分工的多智能体系统 [1]

1　资料来源：https://www.quantamagazine.org/how-equality-and-inequality-shape-the-birds-and-the-bees-20181017/. [2024-06-30].

在地球上，蚂蚁可能是最成功的物种之一，它们的足迹遍布全球。在蚁群多智能体系统里也有跟蜜蜂群类似的社会分工，蚁群的核心是群体的创造者——蚁后；蚁后的后代中有一小部分是"贵族"生殖蚁，它们是长翅膀的雄蚁和处女繁殖蚁；蚁群中数量最多的是维持蚁群运转的普通劳动者——工蚁。蚁群的社会结构跟蜜蜂群非常相似，而且呈现出高度社会化特点（图7-2）。每只蚂蚁几乎没有自主意识，完全服务于蚁群利益，整个蚁群仿佛才是一个有生命的"超级生物"。对于蚁群的这种特性，科学家们用一个神奇的名词来称呼："超个体"。

图 7-2　蚁群：高度社会化的多智能体系统

之所以能形成高效的社会群体，产生复杂的社会行为，其中一个重要因素就是拥有可以交流的"语言"。蜜蜂以舞蹈作为"语言"，蚂蚁以信息素（一种特殊的气味）作为"语言"。不少动物都具有发声器官，但是只有人类是会说话的，就连跟人类亲缘关系最接近的猿、猩猩这样的动物，也无法说出像样的语句。

然而，猩猩是能够学会手语的。在一个著名的动物实验中，有一只叫作科科的雌性黑猩猩，它出生在美国旧金山动物园，因为生病需要人工抚养，被一名研究者从小抚养长大。它学会了1000多个手语词汇，可以流畅地跟人交流，非常令人吃惊。这种交流能力是产生社会职能、形成有机的多智能体系统的一个重要基础。

AI 7.2 游戏模拟的多智能体系统

在游戏里，我们可以将多智能体问题投射到一个虚拟世界中。在虚拟的游戏世界里，让人工智能体——虚拟机器人去玩游戏，实际上是让这些虚拟机器人去更深层次地学习人类的行为和思考方式，使它们能在游戏中自己去尝试使用策略，自己去操作。这时，游戏就是一个多智能体系统，通过游戏我们可以更好地理解人类社会和人类的多智能体行为。比如，谷歌的人工智能研究员创造了一个足球模拟器，叫作"谷歌足球"，让虚拟机器人去尝试踢足球 [图 7-3（a）]。"星际争霸"是一款多人实时战略类游戏，人工智能研究员对此非常感兴趣，因为它可以让基于游戏的虚拟机器人在复杂的环境中跟其他人类玩家进行直接对抗 [图 7-3（b）]。我国也自主开发了一些游戏来研究虚拟机器人如何进行更好的策略安排。比如，"墨子"是一个联合作战推演系统，"庙算·智胜"是一个战术兵棋类的即时战略人机对抗游戏 [图 7-3（c）、（d）]。

现在可以让人工智能系统（虚拟机器人）接入并参与的游戏有很多种类。第一个大类是一对一的对抗游戏，其中棋类是一个典型。历史上第一次在棋类游戏上与人对抗并获得胜利的人工智能系统，是 IBM 的"深蓝"（Deep Blue），它在 1997 年 5 月举行的国际象棋比赛上，以正常时限的比赛首次击败了等级分排名世界第一的人类棋手。

在那之后的 19 年里，除了围棋，人工智能系统几乎在所有棋类上战胜了人类。围棋只有一些非常简单的规则，但它的复杂性却难以想象，整个围棋的游戏状态一共有 10^{170} 种可能性，即使采用当今世界最强的计算机系统，花费几十年也计算不完。所以，我们没有办法在一盘棋局的时间内去穷举出围棋所有可能的结果。也就是说，用传统的搜索算法是没有办法在围棋上战胜人类的。

（a）"谷歌足球"

（b）"星际争霸"

（c）"墨子"

（d）"庙算·智胜"

图 7-3　游戏中的多智能体系统[2]

随着人工智能技术的发展，在人工智能系统中应用了强化学习技术，使得人工智能系统在围棋上取得了突破性进展。关于围棋人工智能系统战胜人类顶级棋手的例子，在"第五讲　机器自我成长进步——机器学习"中已经提到了，我们来回顾一下。2016 年 3 月，也就是"深蓝"在国际象棋中胜过人类的 19 年之后，一个叫作 AlphaGo 的人工智能系统在一场五番棋比赛中以 4:1 击败了韩国的围棋世界冠军李世石。五局比赛后，韩国棋院授予了 AlphaGo 有史以来第一个名誉职业围棋九段的称号。此时，人们还没有一致认为围棋人工智能系统的棋力已经彻底超越了人类。到 2017 年 5 月，AlphaGo 的加强版本 AlphaGo Master 跟中国的围棋世界冠军柯洁对决，

2　资料来源：Kurach K, Raichuk A, Stanczyk P, et al. Google research football: A novel reinforcement learning environment. 34th AAAI Conference on Artificial Intelligence /32nd Innovative Applications of Artifical Intelligence Conference / 10th AAAI Symposium on Educational Advance in Artificial Intelligence, New York, 2020.（左上）

https://doi.org/10.48550/arXiv.1708.04782. [2024-06-30].（右上）

https://www.hs-defense.com/col.jsp?id=105. [2024-06-30].（左下）

http://wargame.ia.ac.cn/main. [2024-06-30].（右下）

获得了 3 : 0 全胜的战绩。比赛结束以后，中国围棋协会也授予了 AlphaGo Master 名誉职业围棋九段的称号。

在这个时候，我们才一致认为人工智能系统攻克了围棋。此后，在棋类游戏上又取得了一些新的进展。开发 AlphaGo 的 DeepMind 公司，又开发出了新的程序——一个叫作 AlphaZero 的围棋人工智能系统，它能够下围棋、国际象棋和将棋（一种日本的棋类游戏）。在围棋上，AlphaZero 花了 27 天的学习时间，就达到 AlphaGo Master 的棋力；在国际象棋上，AlphaZero 花了 4 小时学习后就击败了世界冠军 Stockfish；在将棋上，AlphaZero 在花了 2 小时学习后就击败了将棋联盟赛世界冠军 Elmo。这些成果先后在《自然》《科学》等世界顶级学术期刊上发表，AlphaZero 的成果于 2018 年还登上了《科学》期刊的封面。

除了一对一的对抗游戏外，人工智能系统也能组建成一个团队进行对抗。例如，前面提到的即时战略游戏"星际争霸"，它提供了一个游戏战场，用于玩家之间的对抗，其多人对抗模式就是用于多对多团队对抗的（图 7-4）。在这个游戏战场里，玩家可以操纵任何一个种族，在特定的地图上采集资源、生产兵力，然后通过摧毁对手的所有建筑物来获胜。

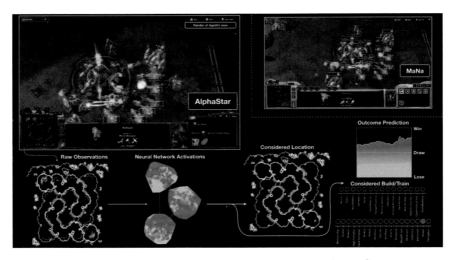

图 7-4　游戏"星际争霸"中多对多团队对抗的界面[3]

3　资料来源：Vinyals O, Babuschkin I, Czarnecki W M, et al. Grandmaster level in StarCraft II using multi-agent reinforcement learning. Nature, 2019, 575(7782): 350-354.

在多对多团队对抗游戏上，人工智能系统也取得了令人惊叹的成绩。2019 年，DeepMind 公司又发布了他们在游戏"星际争霸"中的人工智能玩家 AlphaStar。在跟顶尖人类选手对抗中，AlphaStar 取得了 10：1 的成绩。但在最后一场比赛中，人类选手还是击败了 AlphaStar。这是因为这一类游戏所涉及的问题，其复杂度比围棋所涉及问题的复杂度高很多，它属于不完全信息的博弈，有更多智能体之间的博弈。如果想要在这个问题上取得突破，我们还要在多智能体算法上做出更大的努力。

还有一款游戏叫作"外交游戏"，它模仿了 20 世纪初奥地利、英国、德国、意大利、俄罗斯、土耳其、法国 7 个欧洲国家，争夺欧洲工业中心的非合作博弈的过程。在这个游戏场景中，有 34 个补给中心，分布在 75 个省份。整个游戏分为 5 个阶段：春季运动、春季撤退、秋季运动、秋季撤退、冬季调整。在游戏过程中，每个"国家"（玩家）能够向其军队和舰队单位发出命令，在每次执行命令之前，"国家"之间可以进行交流对话，以选择是否要合作去攻打一个补给中心，或者去攻打其他"国家"。

在"外交游戏"里，玩家需要考虑很多问题。比如，如何通过团队合作或背叛来获取资源，如何在有限的资源空间里进行争夺，如何兼顾合作和竞争，如何通过军事外交手段获利，如何处理非常复杂的社会困境，如何在一些不一定是合作的多智能体场景中处于有利位置，如何在战略上长远规划和短期执行，等等。因此，"外交游戏"的社会属性是非常强的，难度也非常大。

2022 年，一家名为 Meta 的公司发布了一款人工智能算法，制造了一个能够用自然语言与人进行规划、协调和谈判的智能体——西塞罗（Cicero）。它可以了解其伙伴的目标和意图。也就是说，在"外交游戏"中，它可以了解其他玩家想要去攻打什么样的补给站，它们下一步的计划是什么，等等。通过了解其他玩家的目标和意图，它会进行规划，考虑是否跟它们进行联合行动，并且能够以一种有自主意识、有说服力的方式去传达一些建议。

西塞罗是第一个在"外交游戏"中实现人类水平表现的人工智能体。"外交游戏"是涉及合作和竞争的战略游戏，强调的是 7 名玩家之间自然语言上的谈判和战术协调。西塞罗具有很强的语言能力，它可以通过对话去推断其他玩家的目标和意图，并且根据它自己的战术计划生成对话。后来，西塞罗在一个匿名的在线"外交游戏"的 40 场比赛中，平均得分达到了人类选手的两倍多，并且在它所参与过的比赛中排名达到了前 10%。这标志着人工智能算法在多方博弈环境中达到了一个全新的高度，相应的智能体能够洞察人心，成为一名谈判高手。

🔵 7.3　博弈论：合作与竞争

博弈论是人工智能背后的重要基石。博弈论研究的是对相互依存情况下智能体的理性行为进行数学建模。在博弈论里有如下一些要素：一是玩家数量，也就是博弈中的所有参与者数量，要求超过一名玩家；二是策略，即每名玩家可以进行什么操作，即可以有什么样的行为；三是收益，即在每名玩家做出各自的操作之后，所有这些不同情况下各玩家能够获得的收益；四是信息，也就是每名玩家在博弈过程中所掌握的信息，比如其他玩家过去的行为、其他玩家在特定的情况下可能获得的收益等等。实际上，我们生活中的很多事情都可以用博弈论去描述，比如简单的"剪刀－石头－布"游戏、各种扑克牌游戏、在一些商业场景中的拍卖或者物品交易等。对于下棋，也可以用博弈论去描述其参与者的行为。

7.3.1　囚徒困境：合作还是背叛？

囚徒困境是一个非常著名的博弈范式。囚徒困境描述的是这样一个故事：如图 7-5 所示，有两名嫌疑犯（囚徒）甲、乙，他们作案以后被警察抓住，分别关在不同的屋子里。警察知道两个人都是有罪的，但缺乏足够的证据，所以就单独审讯。警察跟甲、乙两个人都说：

如果你们两个人都抵赖（不招供），那么我们就会对你们各判处 1 年徒刑，因为缺乏足够的证据；

如果你们两个人都坦白（招供），我们就会对你们各判处 5 年徒刑；

如果你们两个人中一个人坦白，另一个人抵赖，那么坦白的这个人就可以被释放，而抵赖的这个人就要被判处 10 年徒刑。

图 7-5 囚徒困境：合作还是背叛？[4]

在这个例子中，每名嫌疑犯都面临着两种选择，坦白或者抵赖。大家可以思考一下，如果你是其中一名嫌疑犯，你会选择坦白还是抵赖。

乍看上去，如果甲、乙两个人都不招供，他们各被判处 1 年徒刑是最好的结果。但是，在经济学里有一个非常著名的"理性经济人假设"，它假定所有的人都是小人，始终保持理性且自利，会以最优的方式追求自己的主观目标。基于这样的假设，我们发现每名嫌疑犯最优的选择都是坦白，不管另外一名嫌疑犯选择什么，最终就是他们都坦白了，各被判处 5 年徒刑。

这是什么原因呢？这是因为：当同伙选择了抵赖，自己坦白的话就会被直接放出去。当同伙选择坦白时，如果自己也坦白，则会被判处 5 年徒刑；而如果自己不坦白，就会被判处 10 年徒刑。如此看来，坦白还是比不坦白好。

7.3.2 重复博弈：合作还是背叛？

上述基于"理性经济人假设"的囚徒困境结果，在我们看来明显不是最

---

4 资料来源：https://finance.sina.com.cn/chanjing/gsnews/2019-09-11/doc-iicezzrq4987897.shtml. [2024-06-30].

优结果。实际上，如果这两人能够合作，结果是最好的。但是，在对双方都有利的情况下双方最终却无法保持合作。

囚徒困境的故事引发了思考：个人的自利行为到底能不能给集体带来利益的最大化？在囚徒困境的场景里，自利行为是会对集体的利益造成损失的，甚至对个人来讲也不是一个最好的结果。

如果博弈不是单次的，而是反复不断地进行的，是否还会得到相同的结果？这种反复不断的博弈情形在博弈论里叫作重复博弈。增加博弈的次数，让每名玩家都有机会去惩罚对方前一个回合的行为，此时每名玩家的决策可能就会发生变化。历史上有一个名为爱克斯罗德（Axelrod）的人，他组织了一场著名的博弈实验——计算机竞赛，任何参加计算机竞赛的人都会扮演囚徒困境里一名囚犯的角色，他们把自己的策略编进一个计算机程序里面，然后随机地跟其他的计算机程序进行囚徒困境博弈，每次博弈完毕后会获得一定的分数，并且每次双方在进行博弈之前都能够清楚地知道对方在历史上的博弈情况。每名参赛选手都会进行 200 次博弈对决，此时历史博弈就会反映出此参赛选手是不是合作型选手。对于一名参赛选手，如果对方是合作型选手，他可能会选择抵赖，这样通过合作就达到一个最优结果；如果对方不是一个合作型选手，他可能会选择坦白，这样自身的利益也能够达到最大化。所以，在重复博弈的情况下，如果双方在各次博弈中都不合作，最后的结果就是每次博弈中双方的分数增长都非常缓慢。

对于这个计算机竞赛，采取什么样的策略会赢得最高的分数呢？在这个计算机竞赛中，人们提交了很多程序，包括了各种各样的复杂策略。但让人吃惊的是，最后取得桂冠的却是一个非常简单的策略——以牙还牙。以牙还牙策略总是以合作开局，但是从此以后，会采取以其人之道还治其人之身的策略。也就是说，如果对方合作，以牙还牙策略就会继续合作；如果对方选择了背叛，以牙还牙策略就会从此选择背叛对方。以牙还牙策略永远不会先背叛对方，从这个意义上来讲，它是一个善意的策略，会在下一轮中对对方前一次的合作给予回报。相反地，如果玩家在以前的某个时候被对方背叛过，他也会采取背叛的行动去惩罚对方的前一次背叛。这样就会让整个社会群体中背叛的行为尽量减少，所以重复博弈会带来一个合作的效果。

在真实的社会场景中，我们作为社会的一分子也是在不断地进行一些重复博弈。尽管这些博弈的场景不是完全相同的，但是它们会让我们涌现出合作的意愿并做出相应的行为。另外，在我们生活的社会里，大部分时候不必真的去以牙还牙，法律和道德就是我们的"牙齿"，它会代替我们去惩罚不遵守规则的人，促进了人类社会中的合作，减少人与人之间的背叛。

7.3.3　猎鹿博弈：合作还是各自为战？

另外一个博弈范式是猎鹿博弈，它没有因徒困境那么著名，但是也非常经典、有趣。猎鹿博弈讲的是：在一个村庄里有两个猎人甲、乙，他们每天都打猎，抓兔或者猎鹿。猎鹿比抓兔要难很多，单个猎人是没有办法猎到鹿的，必须两个猎人一起合作，且每天只能猎到一只鹿，但是他们每天可以单独抓到一只兔子（图7-6）。如果猎到鹿，那么两个猎人都可以吃很长一段时间；如果只是抓到兔子，可能各自就只能吃一两天。所以，根据两个人合作的效果——能猎到一只鹿，可以看出这是一个鼓励合作的博弈场景。

图 7-6　猎鹿博弈场景示意[5]

5　资料来源：https://blog.csdn.net/qq_45956730/article/details/126463845. [2024-06-30].

在这个博弈场景中，从乙的角度看，如果甲的策略是抓兔，那么乙的最佳策略也是抓兔，因为他一个人去猎鹿的话，会一无所获；如果甲的策略是猎鹿，那么对于乙来说最佳策略就是猎鹿。同样，对于甲来说，如果乙的策略是抓兔，那么甲的最佳策略是抓兔；如果乙的策略是猎鹿，那么甲的最佳策略也是猎鹿。所以，如果这是一个长期的博弈，两个猎人就很容易形成一种稳定状态。比如，对于乙来说，如果他觉得甲是一个长期抓兔的猎人，他就很难跳脱出来，去促进甲、乙之间的合作。一旦形成稳定的状态之后，两个猎人都难以跳脱出来，他们的行为模式就很难再改变了，因为在这个猎鹿博弈的场景中，选择合作（猎鹿）是有风险的，有可能没有办法获得收益。

7.3.4　博弈论的应用

博弈论在现实生活中有很多具体应用。20 世纪 70 年代，博弈论在生物学研究中崭露头角，科学家将博弈论分析方法引入生物演化过程、竞争行为、选择问题中，对群体行为的变化进行了动力学机制的相关分析，得出了很多有用的结论。

博弈论也是经典的经济学工具。在数理经济学和商学中，博弈论是对相互作用的主体竞争行为进行建模的主要理论和方法，也广泛应用于经营中的拍卖、溢价、收购定价、机制设计等方面。博弈论在实验经济学、行为经济学、信息经济学等多种经济学领域中也都有非常广泛的应用。

博弈论在政治学中也有大量的应用，比如在公平分配、公共选择等方面应用广泛。科学家们开发了很多政治学的博弈模型。

另外，博弈论在计算机科学中也有广泛的应用。

🅐 7.4　为机器赋予社会智能

从社会智能的角度看，我们期望机器人能具有像人一样的情感和社会能力。

7.4.1　递归推理：理解他人的思维

让机器人具有社会智能，就需要让机器人具有理解他人思维的能力。所谓理解他人的思维，就是说机器人需要代入其他人的角度去思考问题。

我们来看一个具体的例子。假设一个班里有 10 个学生，老师对学生们说："你们中有的人脸上有泥巴，请自己举起手来。"这里，每个人是看不到自己脸上是否有泥巴的，但是能观察到其他人。老师连续说了三遍这句话，然后所有脸上有泥巴的学生都举起了手。假设每个学生都很聪明，那么脸上有泥巴的总共有多少人？

我们做了假设，每个学生都很聪明，这就意味着学生都可以从其他人的角度去思考问题。如果只有一个学生脸上有泥巴，那么在老师说第一遍的时候，他立刻就会举手。这是因为，他没有发现其他学生的脸上有泥巴，但是老师却说"有的人脸上有泥巴"，于是他立刻就可以推断出自己的脸上是有泥巴的。如果有两个学生脸上有泥巴，则对于这两个学生来说，都只能看到对方脸上的泥巴，但他们不确定自己的脸上是否有泥巴。所以，当老师说第一遍的时候，如果自己的脸上没有泥巴，那么他们所看到的脸上有泥巴那个学生就应该会举手。但由于老师说第一遍时没有人举手，他们就会立刻明白自己的脸上其实也是有泥巴的。因此，当老师进行第二遍提问的时候，这两个脸上有泥巴的学生会同时举手。

以此类推，如果有三个学生脸上有泥巴，那么他们都只能看到其他两个学生脸上有泥巴。当老师说第一遍和第二遍的时候，他们都没有办法确定自己的脸上是否有泥巴，但当老师说第二遍之后仍没有人举手，他们就会明白自己的脸上其实是有泥巴的。这是因为，如果自己的脸上没有泥巴，那么他所看到的那两个脸上有泥巴的学生，在老师说第二遍时就会同时举手了。所以，在老师说第三遍的时候，这三个脸上有泥巴的学生就会同时举手。我们可以把这个结论一般化，推广到多个学生的情况：假设班里 n 个学生的脸上有泥巴，那么在老师说第 n 遍的时候，他们就都会同时举手。

这个问题非常有趣，所有人都要递归地思考这个问题才能够正确推断出自己脸上是否有泥巴。这种递归地思考就是一种理解他人思维的能力。

7.4.2 善解人意：理解他人的情感

除了从逻辑上理解他人的思维，代入他人的思考角度外，人还具有从情感上理解他人的能力，叫作共情能力。共情能力是一种能够设身处地地感受他人的处境，从而达到感受和理解他人心情的能力，是人类固有的一种能力——情绪上的反应能力。

共情是一种社会行为，具有高度的社会性，可以维持和发展我们的社会关系。在社会交往的过程中，那些尝试跨越自我的情感世界去理解他人感受的个体会表现得更加友善、更加体贴，也更加受到大家的欢迎。

共情能力是一种可以通过特定训练发展、改善的心智技巧。我们希望能造出具有社会智能的智能体。也就是说，我们想要让机器人具备这样的共情能力，使得机器人能够从逻辑上和情感上理解他人。

7.4.3　社会智能的基础：心智理论

在认知心理学里，共情能力及社会能力的基础叫作心智理论。它是一种能够理解自己及周围人的心理状态的能力，这些心理状态包括情绪、信念、意图、欲望、假装、知识等。心智理论假设人先天能够以类推的方式假定其他人拥有跟自己相似的心智，并且根据这一假定来观察周围的人，做出合乎社会期望的反应与行动。

心智理论大部分存在于我们的潜意识里，人类能够创造出庞大的社会组织与拥有心智理论是有直接关联的。科学家通常以意向性作为心智理论的一个度量标准。大部分哺乳动物都可以表现出自身的信念、想法与意图，这种能力叫作一级意向。

拥有二级意向的人或动物可以揣测其他个体的意图，即可以想象周围的个体想要去做什么。拥有二级意向以后，我们就认为这个人或动物拥有了心智理论的基本能力。几乎绝大多数健康的人都拥有这个能力。部分灵长类动物（如黑猩猩）也拥有一二级意向。

三级意向是指能揣测某个人对第三者的想法。举例来讲，"我觉得乔治认为安娜想吃他的苹果"就属于三级意向。在人的正常社交活动中，经常会使用三级意向。通过这样递归式的增长，就会达到更高层级意向。很多作家在创作文学作品的时候，至少需要四级意向。根据实验，有些人可以达到六级甚至七级意向。

7.4.4　心智理论测试：错误信念任务

拥有了高级意向，意味着具有更易深层次代入他人的角度进行思考的能力。因此，高级意向对个体在社会中的生存与发展具有重要的意义。那么，如何测量一个个体的心智理论级别呢？心理学中有一个著名的实验——错误信念任务，用于测量一个个体的心智理论级别。

这个实验与第四讲介绍意图的理解与预测时给出的 Sall-Anne 测试是类似的。在实验中，让被试看图 7-7 给出的一个场景：绿色衣服的小明在绿色橱柜中放了一个杯子，接着离开了房间 [图 7-7（a）]；然后，小红进入了房间，把杯子移到了蓝色橱柜里 [图 7-7（b）]。这时，向被试提问：当小明再次回到房间后，他会从哪个橱柜里找这个杯子 [图 7-7（c）]？换句话说，小明回到房间的时候，他会认为杯子在哪里呢？更具体地，他会认为这个杯子是在绿色橱柜里，还是在蓝色橱柜里？对于这个问题，相信大家都能给出一个正确的答案：小明会认为杯子在绿色橱柜里，因为小红移动这个杯子的时候他并没有看见。

（a）　　　　　　　　　　（b）　　　　　　　　　　（c）

图 7-7　错误信念任务实验[6]

显然，我们必须具有二级以上意向才能正确回答这个问题。也就是说，要意识到小明与我们有着不同的视角、信念和知识，才可以对小明的信念做出准确的判断。

6　资料来源：Etchepare A. Social cognition and Schizophrenia: A person-centered approach with the bordeaux social cognition assessment protocol. University of Bordeaux, Thesis, 2017.

在这个实验中，被试是 3 ～ 9 岁的小孩。实验发现：在 3 ～ 4 岁年龄组的小孩中，几乎没有人可以通过这个实验（给不出正确答案）；在 4 ～ 6 岁年龄组的小孩中，有约 57% 能够通过这个实验；在 6 ～ 9 岁年龄组的小孩中，有约 86% 能够通过这个实验。这就说明，4 ～ 6 岁是孩子发展心智理论的重要时期，在此之前，小孩基本上是不具有心智理论能力的。

心智理论能力对于智能体来说是至关重要但又极具挑战性的。我们来举一个现实生活中的例子。在驾驶汽车的时候，驾驶员需要不断地判断道路上的行人及其他汽车的意图，比如他们是准备停止还是前进，如果前进，会向哪个方向前进。这种能力看似简单，但是要让机器人具有这种能力并不容易。

7.4.5 心智理论：意图预测

一种表示意向性的方式就是将对他人的意图预测表示为一个关于意图的概率分布。比如，我们可能认为图 7-8 中行人向前过马路的概率约为 30%，会在路边停下的概率约为 70%。这个概率分布是通过对其他人的观测得到的。

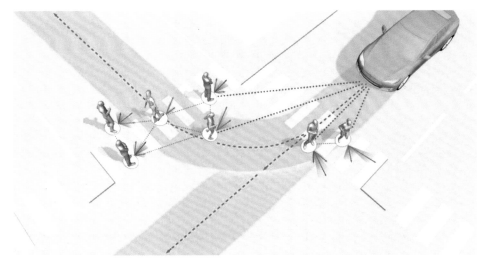

图 7-8　意图预测 [7]

7　资料来源：Salzmann T, Ivanovic B, Chakravarty P, et al. Trajectron++: Dynamically-feasible trajectory forecasting with heterogeneous data. 16th European Conference on Computer Vision, Glasgow, 2020.

这里的概率可以通过贝叶斯定理来计算。贝叶斯定理是一个著名的概率定理，它给出了一个计算概率的公式——贝叶斯公式：

$$P(A|B) = P(B|A)P(A) / P(B)$$

其中 $P(A|B)$ 表示已知事件 B 发生以后事件 A 发生的条件概率，也叫作事件 A 的后验概率；$P(A)$ 是事件 A 的先验概率，表示不考虑任何事件方面的因素时事件 A 发生的概率；$P(B|A)$ 表示事件 A 发生以后事件 B 发生的条件概率，是事件 B 的后验概率；$P(B)$ 是事件 B 的先验概率。

变换一下这个公式的形式，会更容易理解。如果把右边的分母乘到左边，就会发现等式是对称的：

$$P(A|B)P(B) = P(B|A)P(A)$$

其左、右两边都等于事件 A 和 B 同时发生的概率 $P(AB)$。贝叶斯定理是说，可以通过考虑事件 B（因素）修正事件 A 发生的先验概率，从而获得更值得相信的事件 A 的后验概率。

贝叶斯定理和心智理论结合在一起，可以将对他人的意图预测用概率的形式来表示。这里用字母 G 来表示一个人的意图，用字母 O 来表示对这个人的观测。根据贝叶斯定理，在给定观测 O 的情况下，某个特定意图 G 的概率可以如下计算：

$$P(G|O) = P(O|G)P(G) / P(O)$$

我们来看一个例子，在图 7-9 中，蓝色圆圈代表一个人，假定现在是午饭时间，这个人处于一个饥饿的、正在餐厅寻找食物的状态。图 7-9（a）的左下角有一辆标注为 K 的餐车。在 12:00 这个人来到了餐厅的左下角，看到了位于餐厅左下角的 K 餐车；在 12:05 这个人走到了餐厅的左上部分，由于没有墙壁的阻隔，他看到了位于餐厅右上角的标注为 L 的餐车；在 12:10 他又折返回到 K 餐车的位置。

我们现在想知道，这个人他更喜欢哪辆餐车的餐食，是 K 餐车还是 L 餐车。相信大家都能答出来，这个人更喜欢 K 餐车的餐食。如果利用贝叶斯定理去思考，就是要计算在给定目前我们看到这个人一系列行为（O）的情形下，选择各辆餐车作为他的意图 G 的概率 $P(G|O)$。这时，上述意图概率的公式中右边分子第一项描述的是在给定了一个意图，也就是说这个人想选择 K 餐

车或者 L 餐车之后，我们看到当前这个情形的概率。可以想象，如果这个人喜欢的是 L 餐车的餐食，我们看到图 7-9 中所示情形的概率是比较低的，他大概率不会折返到 K 餐车的位置，所以右边分子的第一项这个概率是很小的。因此，在我们最后计算出整个等式左边的概率时会发现，这个人想去买 L 餐车的餐食的意图概率是比较低的。这个例子其实就是从概率的角度对第四讲中关于意图预测例子的进一步分析。

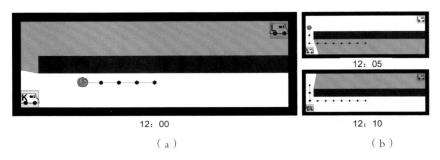

(a)　　　　　　　　　　　　　　　　(b)

图 7-9　贝叶斯心智理论：选择餐车意图预测[8]

这里留个问题给大家思考。假定这个人事先知道有三辆餐车（第三辆餐车记为 M），他对这三辆餐车也有着自己的偏好和选择。如果我们还是观测到了图 7-9 中所描述的这种情形：他先往餐厅的左下角走，然后往左角走，并探头看到了右上角的 L 餐车，最后又回到了 K 餐车的位置。大家想一想：这个人最想选择的餐车是 K 餐车还是 L 餐车或是 M 餐车呢？怎样用贝叶斯定理去解释所得的结论？

7.4.6　递归心智理论

在实际生活中，我们还会遇到更高层级意向的递归心智理论。比如，在博弈游戏里，我们要考虑对手对自己的模拟，进行更超前的预判；在多人环境中，我们要考虑相互之间的互动影响。在复杂的多智能体系统中，在理解他人心智的时候，我们也会遇到这样的更高层级意向的递归心智理论问题，

8　资料来源：Baker C L, Saxe R R, Tenenbaum J B. Bayesian theory of mind: Modeling joint belief-desire attribution. 33rd Annual Meeting of the Cognitive Science Society, Boston, 2011.

这是一个很有挑战性且很有趣的问题。

AI 7.5　多智能体前沿研究

　　关于多智能体前沿研究，从学科领域的角度来讲，多智能体研究会涉及多智能体学习、合作与竞争、心智理论、感知和通信、多智能体任务规划等。从现实生活中的应用场景来讲，在游戏竞技（棋牌 AI 和游戏 AI）、智能电网、智能交通、多机器人协作、无人机编队、社会模拟与治理、智慧城市等方面，都有多智能体系统的身影（图 7-10）。

　　研究多智能体问题是人工智能发展中重要的一环，人类智能的本质是一种社会性的智能。绝大部分人类活动都会涉及由多个人组成的社会团体，大型复杂问题的求解需要多个专业人员或者组织协调完成。在这个前提下，我们需要对社会性智能进行研究。所有这些都促进了我们对多智能体系统的行为理论、体系结构、感知和通信等的深入研究，从而极大地推动了多智能体系统在理论、技术及应用等方面的进步。

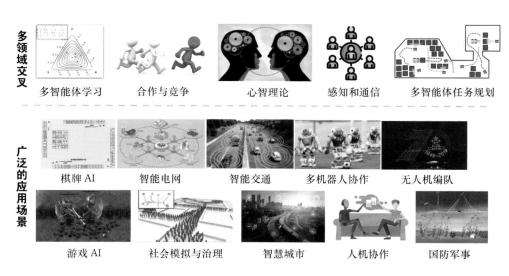

图 7-10　多智能体前沿研究：多领域交叉和广泛的应用场景

思考题 >>

1. 在一个游戏中，下表显示了甲、乙两名玩家不同选择下的收益。如果两名玩家都是理性经济人，他们会做出什么选择？（　　）

A.（A，A）　　　B.（A，B）　　　C.（B，A）　　　D.（B，B）

	A	B
A	（10，10）	（0，15）
B	（15，0）	（5，5）

2. 第 1 题中的游戏属于什么博弈范式？（　　）

A. 囚徒困境　　　B. 雪堆博弈（请查阅相关资料）　　　C. 猎鹿博弈

3. 在图 7-7 中，你认为小明觉得杯子在绿色橱柜里，这是几级意向？（　　）

A. 0　　　B. 1　　　C. 2　　　D. 3

4. 在图 7-7 中，你认为小明猜到小红想跟小明玩游戏，会挪动杯子，这是几级意向？（　　）

A. 0　　　B. 1　　　C. 2　　　D. 3

5. 博弈范式给我们带来了什么样的启示？

6. 应如何用数学的语言去描述递归心智理论？

陈 宝 权

北京大学博雅特聘教授、智能学院副院长，IEEE 会士，中国计算机学会会士，中国图象图形学会会士。研究方向为计算机图形学、三维视觉与可视化。担任国家重点基础研究发展计划（973计划）项目首席科学家，研究成果服务于智慧城市、科技冬奥等国家重大需求，多次获得国内外主要媒体报道。因为在可视化领域的杰出贡献，入选 IEEE 可视化名人堂（IEEE Visualization Academy）。

第八讲

机器生活的世界
——物理世界仿真模拟

"实践出真知"成就了人类的高级智能，也是机器获取智能的有效途径。但与人不同，机器在真实场景中的探索实践非常费钱、费时、费力。是否可能为机器构建一个类似于现实世界的"玩耍"空间？这一讲就来探讨这个问题。

AI 8.1　实践出真知

8.1.1　人类智能的形成

现实（物理）世界中，人类因其高度发达的智能而成为万物之灵。总体来说，人类智能的获得源自与周围环境的不断交互，人类在"感知→认知→决策→行动→感知"的无限循环中积累知识，获得对现实世界的理解（图8-1）。

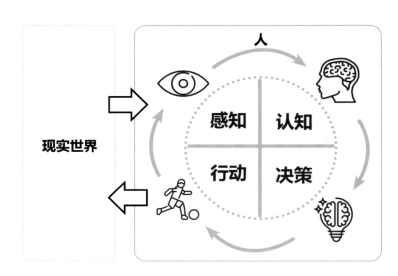

图 8-1　人类智能的形成：与现实世界的不断交互

以倒水这个看似非常简单的任务来说，小朋友也是需要通过学习才掌握的，而不是天生就会的。如图 8-2 所示（视频在本讲的时段：00:01:51—00:02:32），小朋友将水从大水杯倒入小水杯。刚开始时，小朋友可能根本无法将大水杯对准小水杯杯口位置，导致水洒得到处都是。找准位置以后，还可能因为控制不好速度而倒得太快，导致水溢出来；又或者倒得太慢，使得水沿着大水杯边缘流到外面。总之，可能需要经过反复的尝试，小朋友才能平稳地将水从大水杯倒入小水杯。这个反复尝试的学习过程就是小朋友与水杯及水的不断交互过程。

视　频

图 8-2　小朋友学习倒水

　　这样的学习过程，其实是在不断的尝试中了解杯子的几何形状，体会水流动的物理规律以及如何控制自己的动作让水成功地流入小水杯里。因此，学会往杯子里倒水需要掌握的关键要素是：杯子的几何形状、水流动的物理规律、运动控制策略（图 8-3）。

8.1.2　机器人智能的形成

　　机器人智能的形成，从理论上讲，也可以通过与现实世界的不断交互来实现。但是，这种方法既不高效，也不安全，所以需要寻求新的方法来实现这一目标。一个获得普遍认可的方法是，在虚拟的数字世界里让机器人直接进行感知、认知、行动和决策的尝试过程，因为在数字世界里可以进行非常快速的试错和迭代（图 8-4）。

　　如果我们构建的数字世界能够非常好地和现实世界对应，那么在数字世界中学到的东西就和人在现实世界中获取的知识几乎是一样的。这样的数字世界也叫作数字孪生世界。此外，既然是数字世界，我们就可以超越与现实世界对应的这个数字世界，创造出变化多样、无穷无尽的数字世界，让试错和迭代变得非常高效。

（a）杯子的几何形状　　　（b）水流动的物理规律　　　（c）运动控制策略

图 8-3　学会往杯子里倒水需要掌握的关键要素[1]

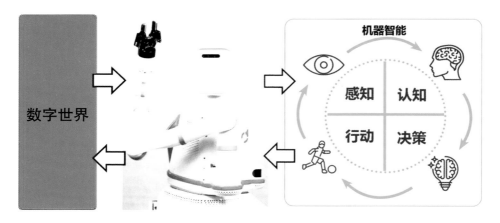

图 8-4　机器人智能的形成：在虚拟的数字世界中不断交互

　　计算机图形学就是一门研究如何创建数字世界的科学，它提供了行之有效的方法，使得所创建的虚拟数字世界看起来是真实的，动起来是真实的，听起来是真实的，甚至在感觉上也是真实的（图 8-5）。在这样一个高度逼真的数字世界中，我们可以让机器人通过不断体验、探索来获得知识。

1　资料来源：https://vinepair.com/booze-news/recent-study-determines-whether-the-taste-of-wineis-affected-by-the-shape-of-your-glass/. [2024-06-30].（左上）

　　https://lovepik.com/image-502384860/kashgar-ancient-city-pottery-crafts.html. [2024-06-30].（左下）

　　https://www.dynalene.com/page/3/?cat=-1. [2024-06-30].（中上）

　　https://phys.org/news/2009-11-teapot-effect.html. [2024-06-30].（中下）

　　https://www.shutterstock.com/zh/image-photo/child-glass-pitcher-water-little-girl-255942934.[2024-06-30].（右）

图 8-5　数字世界中的一个场景[2]

构造一个高度逼真的数字世界，需要一些关键要素。例如，若要让机器人学习倒水，数字世界需要提供精确的容器几何形状、准确的流体动态模拟和可控的角色动作等关键要素（图 8-6，视频在本讲的时段：00:05:16—00:05:59）。

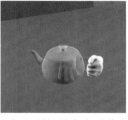

视 频

（a）精确的容器几何形状　（b）准确的流体动态模拟　（c）可控的角色动作

图 8-6　机器人学习倒水时数字世界需要提供的关键要素[3]

又比如，要让机器人学习叠毛巾，这时就需要一个数字化的场景——数字世界，使机器能够跟一条数字毛巾进行交互，通过这种交互来实现把毛巾

2　资料来源：https://www.youtube.com/watch?v=Xr9ymH04dVI. [2024-06-30].

3　资料来源：https://3dexport.com/3dmodel-modern-kitchen-accessories-set1-71029.htm. [2024-06-30].（左）

Xing J-R, Ruan L-W, Wang B, et al. Position-based surface tension flow. ACM Transactions on Graphics, 2022, 41(6), Article 244: 1–12.（中）

Zhang H, Ye Y-T, Shiratori T, et al. ManipNet: Neural manipulation synthesis with a hand-object spatial representation. ACM Transactions on Graphics, 2021, 40(4), Article 121: 1–14.（右）

叠起来。此时，数字世界需要提供精确的布料动态模拟（图 8-7，视频在本讲的时段：00:06:00—00:06:21）。

视 频

图 8-7 机器人学习叠毛巾时数字世界需要提供的准确布料动态模拟[4]

再比如，让机器人学习做饭。做饭涉及多种不同类型的操作，如煎鸡蛋、烘焙、切菜等。因此，数字世界要能够模拟各种烹饪中物体受热时的相变、碳化，以及在外力作用下拓扑变化等过程（图 8-8，视频在本讲的时段：00:06:22—00:06:57）。

视 频

（a）煎鸡蛋　　　　　　　（b）烘焙　　　　　　　（c）切菜

图 8-8 机器人学习做饭时数字世界需要提供的各种烹饪过程模拟[5]

4 资料来源：https://www.youtube.com/watch?v=UvSMxEUJd4Y. [2024-06-30].

5 资料来源：Yang T, Chang J, Lin M C, et al. A unified particle system framework for multi-phase, multi-material visual simulations. ACM Transactions on Graphics, 2017, 36(6), Article 224: 1–13.（左）
　Ding M-Y, Han X-C, Wang S, et al. A thermomechanical material point method for baking and cooking. ACM Transactions on Graphics, 2019, 38(6), Article 192: 1–14.（中）
　Heiden E, Macklin M, Narang Y, et al. DiSECt: A differentiable simulation engine for autonomous robotic cutting. ACM Transactions on Graphics, 2021, 41(6), Article 258: 1–10.（右）

图 8-8 中所有这些过程都是在数字世界里生成的，看起来非常逼真。我们还可以通过在数字世界里进行操作，观察到应有的效果，它跟现实世界中的效果是一样的。

8.2　物理世界仿真模拟

由上一节我们知道，实现物理场景的仿真模拟并建立数字世界，需要三维几何、物理动态、人体运动、虚实融合这四大关键模块的支撑。接下来，我们将对这四大模块分别进行详细的介绍。

8.2.1　三维几何

如何获得物理场景的三维几何描述呢？一种方法是，直接在数字世界里进行几何设计，例如使用三维建模软件 DCC（Digital Content Creation）进行交互式三维几何设计（图 8-9）。

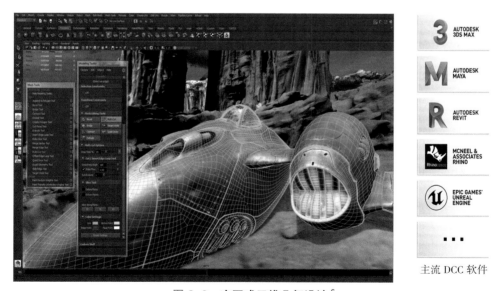

主流 DCC 软件

图 8-9　交互式三维几何设计[6]

6　资料来源：https://www.postmagazine.com/Press-Center/Daily-News/2014/SIGGRAPH-2014-Autodeskdebuts-extensions-for-May.aspx. [2024-06-30].

另一种方法是，首先获取物理场景的原始三维（测量）数据，然后对这些数据进行三维几何重建。原始的三维数据通常指三维点云数据。通过处理三维点云数据，我们可以构建出具有实体结构、规则性和语义描述的几何体，即可以通过三维几何重建来获得几何模型（图 8-10），并在此基础上进行编辑、理解和智能交互。

三维点云数据

几何重建

几何模型

图 8-10　物理场景的三维几何重建 [7]

获取原始的三维点云数据有多种方式。例如，可以采用无人机航拍获取大面积场景的三维点云数据，然后通过三维几何重建得到整个场景的三维几何描述（图 8-11）；还可以通过车载移动激光扫描，快速获取道路沿线建筑物、桥梁、路面等的三维点云数据，再通过三维几何重建来得到它们的三维几何描述（图 8-12，视频在本讲的时段：00:08:56—00:09:19）。

（a）无人机　　　　　（b）无人机航拍影像→三维几何重建→任意视角漫游

图 8-11　无人机航拍与三维几何重建

7　资料来源：https://www.esri.com/arcgis-blog/products/arcgis-online/3d-gis/publishing-point-cloud-scenelayers-in-arcgis-pro-2-1/. [2024-06-30].

视 频

图 8-12　车载移动激光扫描与三维几何重建

　　从点云重建（通过三维点云数据进行的三维几何重建）到完整的几何描述还存在许多挑战性问题。在解决方案中，我们往往会针对一类特定的物体，利用其特有规则进行高效的三维几何重建。例如，对于建筑物，可以利用几何规则，如对称性、重复性等，帮助我们完整且高精度地重建那些被遮挡或者点采样稀疏的地方 [图 8-13（a）]，视频在本讲的时段：00:09:20—00:10:08]；对于树木，我们可以基于树木的生长规则进行非常精细化的三维几何重建 [图 8-13（b）]，视频在本讲的时段：00:10:09—00:10:42]。

视 频

视 频

（a）基于建筑物几何规则的三维几何重建 （b）基于树木生长规则的三维几何重建

图 8-13　大规模城市场景精细三维几何重建[8]

现实世界中物体之间往往存在复杂的遮挡关系，所以获取的原始三维数据通常会有一定程度的缺失。除了利用先验规则对这些区域进行经验性补全外，也可以借助机器人，通过主动的方式获得较完整的形状感知（图 8-14）。也就是说，机器人在采集三维数据的时候，如果发现采集的密度不够，它就会移动到更有效的位置采集，补全原先不完整的区域。当然，还可以利用多个机器人协同采集。通过多个机器人之间的合作，可以更加快速地对大范围场景进行三维数据采集，从而获得更完整的三维几何描述（图 8-15）。

图 8-14　机器人主动式扫描获取原始三维数据[9]

8　资料来源：Li Y-Y, Zheng Q, Sharf A, et al. 2D-3D fusion for layer decomposition of urban facades. IEEE International Conference on Computer Vision, Barcelona, 2011.（左）

　Livny Y, Pirk S, Cheng Z-L, et al. Texture-lobes for tree modelling. ACM Transactions on Graphics, 2011, 30(4), Article 53: 1–10.（右）

9　资料来源：Xu K, Huang H, Shi Y-F, et al. Autoscanning for coupled scene reconstruction and proactive object analysis. ACM Transactions on Graphics, 2015, 34(6), Article 177: 1–14.

图 8-15　多个机器人协同建模[10]

对于更大的物理场景，除了使用机器人进行中心化的密集扫描外，还可以通过众包这一去中心化的方式组织大批的人群参与贡献，以获得原始三维数据。在日常生活中，我们经常会拍摄照片。把这些照片收集起来，便构成无尽的数据资源。随着新照片的不断拍摄，新数据将源源不断地被收集，使我们能够获取场景在连续的时间和空间分布上的照片样本。通过这样连续的时空采样，可以建立起整个场景空间在不同时间的三维几何模型，比如北京大学校园在一天中早晨、黄昏不同时段或一年中春、夏、秋、冬不同季节的三维几何模型（图 8-16）。

图 8-16　众包协同建模：四维数字燕园

10　资料来源：Dong S-Y, Xu K, Zhou Q, et al. Multi-robot collaborative dense scene reconstruction. ACM Transactions on Graphics, 2019, 38(4), Article 84: 1–16.

关于物理场景三维几何重建，中央广播电视总台《走进科学》栏目还对激光扫描工作及其在基于点云重建的"大规模城市场景高精度重建"中的应用进行了一期非常精彩的介绍（图 8-17）。

图 8-17　《走近科学》栏目的一期节目：《把城市搬到电脑里》

8.2.2　物理动态

物理仿真是用计算的方法将现实世界的各种物理动态行为映射到虚拟的数字世界中。物理动态包括多个方面，如最简单的刚体运动以及它们之间的摩擦碰撞，其中每个物体的运动都是通过物理方程计算得到的，物体之间不会发生穿透，且摩擦力符合库仑摩擦定律。图 8-18 展示了一些刚体摩擦碰撞的模拟（视频在本讲的时段：00:13:24—00:13:58）。

视 频

图 8-18　刚体的摩擦碰撞模拟[11]

11　资料来源：Ferguson Z, Li M-C, Schneider T, et al. Intersection-free rigid body dynamics. ACM Transactions on Graphics, 2021, 40(4), Article 183: 1–16.（左）

Lan L, Kaufman D M, Li M-C, et al. Affine body dynamics: Fast, stable and intersection-free simulation of stiff materials. ACM Transactions on Graphics, 2022, 41(4), Article 67: 1–14.（中、右）

可变形固体在现实生活中也非常常见，比如橡胶、肌肉这一类弹性体，以及雪、奶油这一类黏弹性物体。可变形固体的运动规律比刚体的运动规律更为复杂，但人们已经对其有了比较深入的理解，并总结出很多物理定律，所以我们依然可以依据这些物理定律对其进行简洁表述，并模拟出来（图8-19，视频在本讲的时段：00:13:59—00:14:36）。

1/2x

视 频

图8-19　可变形固体动态模拟 [12]

薄壳结构物体，如我们穿的衣服、易拉罐瓶子、纸片等，是一类非常特殊的可变形固体。由于它们在某一方向的尺度非常小（超薄），在动态过程中更容易发生变形，这给对它们的动态模拟带来了挑战。比如，毛衣落在地上时，对它的动态模拟不仅要计算因碰撞导致的毛衣整体宏观形变，还要考虑毛线之间摩擦导致的高频褶皱。再比如，金属板的大形变往往同时具有弹性和塑性形变，对其动态模拟需考虑这两种形变的特性。这些复杂的物理现

12　资料来源：Zheng C-X, James D L. Energy-based self-collision culling for arbitrary mesh deformations. ACM Transactions on Graphics, 2012, 31(4), Article 98: 1–12.（左上）

Stomakhin A, Schroeder C, Chai L, et al. A material point method for snow simulation. ACM Transactions on Graphics, 2013, 32(4), Article 102: 1–10.（左下）

Liu L-B, Yin K-K, Wang B, et al. Simulation and control of skeleton-driven soft body characters. ACM Transactions on Graphics, 2013, 32(6), Article 215: 1–8.（右上）

Barreiro H, García-Fernández I, Alduán I, et al. Conformation constraints for efficient viscoelastic fluid simulation. ACM Transactions on Graphics, 2017, 36(6), Article 221: 1–11.（右下）

象在生活中极为常见，我们希望能把它们模拟生成出来（图 8-20，视频在本讲的时段：00:14:37—00:15:19）。

输入　　　　生成结果

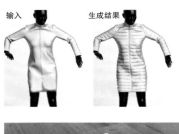

视 频

图 8-20　薄壳结构物体动态模拟[13]

　　流体是现实世界中另一种非常常见的物体，比如海浪、烟雾、从茶壶里流出的水等。在流体动态模拟方面，对于气流，我们能够生成高度逼真的气流撞击等现象；对于液膜（它既是膜，又具有液体的特性），我们可以模拟出关于它的非常有趣的形变现象（图 8-21，视频在本讲的时段：00:15:20—00:16:01）。

　　在现实世界中，单独出现固体或流体的物理现象并不多见，绝大多数物理现象都是由多个物理场相互作用形成的。比如，流体和固体的耦合可以在表面张力的作用下使密度比流体大的固体浮起来。比如，小船、叶子在水上漂动；一个像螳螂一样小的机器人，借助表面张力的作用，在水上快速游动（图 8-22，视频在本讲的时段：00:16:02—00:16:55）。我们可以通过联合求解固体和流体系统来模拟这类现象。

13　资料来源：Wang H-M. GPU-based simulation of cloth wrinkles at submillimeter levels. ACM Transactions on Graphics, 2021, 40(4), Article 169: 1–14.（左上）

　　Guo Q, Han X-C, Fu C-Y, et al. A material point method for thin shells with frictional contact. ACM Transactions on Graphics, 2018, 37(4), Article 147: 1–15.（右上）

　　Kaldor J M, James D L, Marschner S. Simulating knitted cloth at the yarn level. ACM Transactions on Graphics, 2008, 27(3), Article 65: 1–9.（左下、右下）

视　频

图 8-21　流体动态模拟[14]

视　频

图 8-22　多个物理场耦合模拟[15]

　　磁体在现实世界中普遍存在，比如指南针在地磁场的作用下会自动指向地磁南极，曲别针会吸附在靠近的磁铁上，磁粉会沿着磁感线分布，等等。

14　资料来源：Macklin M, Müller M. Position based fluids. ACM Transactions on Graphics, 2013, 32(4), Article 104: 1–12.（左上）

Qu Z-Y, Zhang X-X, Gao M, et al. Efficient and conservative fluids using bidirectional mapping. ACM Transactions on Graphics, 2019, 38(4), Article 128: 1–12.（左下）

Xing J-R, Ruan L-W, Wang B, et al. Position-based surface tension flow. ACM Transactions on Graphics, 2022, 41(6), Article 244: 1–12.（右上）

Deng Y-T, Wang M-D, Kong X-X, et al. A moving eulerian-lagrangian particle method for thin film and foam simulation. ACM Transactions on Graphics, 2022, 41(4), Article 154: 1–17.（右下）

15　资料来源：Ruan L-W, Liu J-Y, Zhu B, et al.Solid-fluid interaction with surface-tension-dominant contact. ACM Transactions on Graphics, 2021, 40(4), Article 120: 1–12.

随着制造工艺的不断完善，将磁微粒与可变形的基体材料混合，可以制成多种新型磁控材料，如磁流体和磁泥等。通过多个物理场耦合模拟可以看到，在磁诱导作用和表面张力、弹性力等的耦合作用下，这些新型材料可以呈现出非常酷炫的几何效果（图8-23，视频在本讲的时段：00:16:56—00:17:21）。

视 频

图 8-23　新型磁控材料模拟 [16]

把可编程磁控材料制成软体机器人，这种机器人可以在外磁场的无接触驱动下实现更具目的性的形变运动，如移动、跳跃和游泳等（图8-24，视频在本讲的时段：00:17:22—00:17:59）。像这样的材料及其功能，在现代医学手术导航以及手术设备等方面发挥着重要作用。

虽然说人们已经为现实世界的绝大多数物理现象总结出物理定律，但是要想在虚拟的数字世界中将这些物理现象逼真地模拟出来仍然具有很大的挑战性，比如如何准确地设置这些物理现象的数学模型参数（这些参数是物理属性的反映，称为物理参数），使之与真实对象匹配。一种解决方案是直接捕获物理现象，然后反演它的物理参数，进而在数字世界中构建较精确的模型。比如，当荷叶因外力作用而形变时，我们可以捕获并分析这个三维形变，跟踪它上面每个点的形变状态，再通过反向拟合优化出荷叶的物理参数。

16　资料来源：Ni X-Y, Zhu B, Wang B, et al. A level-set method for magnetic substance simulation. ACM Transactions on Graphics, 2020, 39(4), Article 29: 1–13.（左）

　　　Sun Y-C, Ni X-Y, Zhu B, et al. A material point method for nonlinearly magnetized materials. ACM Transactions on Graphics, 2021, 40(6), Article 205: 1–13.（右）

一旦获得了荷叶的三维几何描述和物理参数，就可以对它进行物理模拟（图8-25，视频在本讲的时段：00:18:28—00:19:27）。在数字世界里，我们还可以添加不同的外界条件，比如水滴落下、风吹过，然后生成相应的动态现象。

视　频

图 8-24　磁控材料软体机器人[17]

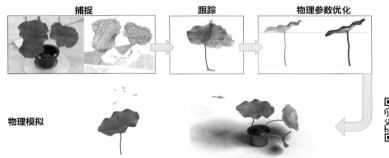

视　频

图 8-25　物理参数获取[18]

我们也可以对流体进行类似的操作。比如，从某个固定角度拍摄一个关于气体的现象，然后利用神经网络重建该现象的物理密度场、速度场，这样就能生成一个三维场景。尽管实际上只有一路视频输入，我们仍可以从不同的角度去观察它，因此该现象不仅表面的影像被完整捕获，其内部的物理参

17　资料来源：Chen X-W, Ni X-Y, Zhu B, et al. Simulation and optimization of magnetoelastic thin shells. ACM Transactions on Graphics, 2022, 41(4), Article 61: 1–18.

18　资料来源：Wang B, Wu L-H, Yin K-K, et al. Deformation capture and modeling of soft objects. ACM Transactions on Graphics, 2015, 34(4), Article 94: 1–12.

数也被揭示出来。利用这个重建的场景，可以再生成各种有趣的流体现象（图 8-26，视频在本讲的时段：00:19:28—00:20:35）。

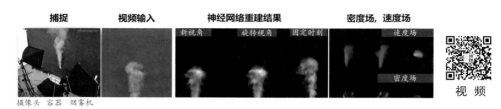

图 8-26　基于视频的物理场景重建 [19]

8.2.3　人体运动

三维人体运动也是物理世界仿真模拟不可或缺的一部分。和三维几何重建类似，生成人体运动最直接的方法就是从视频中提取三维骨骼运动，其中从单目二维视频中提取高精度的三维骨架是最具挑战性的问题（图 8-27，视频在本讲的时段：00:20:36—00:21:00）。

图 8-27　基于单目二维视频的人体三维骨骼运动生成 [20]

19　资料来源：Chu M-Y, Liu L-J, Zheng Q, et al. Physics informed neural fields for smoke reconstruction with sparse data. ACM Transactions on Graphics, 2022, 41(4), Article 119: 1–14.

20　资料来源：Shi M-Y, Aberman K, Aristidou A, et al. MotioNet: 3D human motion reconstruction from monocular video with skeleton consistency. ACM Transactions on Graphics, 2020, 40(1), Article 1: 1–15.

但由于数字世界的需求往往复杂多样，仅依靠捕获和提取人体三维骨骼运动数据是远远不够的，还需要考虑如何编辑、重用所提取的人体骨骼运动数据以进行更多操作。比如，可以利用提取的骨骼运动数据来控制数字世界中不同的人或动物进行自然运动，这项技术叫作运动迁移（图8-28，视频在本讲的时段：00:21:01—00:21:39）。通过运动迁移技术，控制的对象既可以是高、矮、胖、瘦不一样的数字人，也可以是和人具有不同骨骼结构的数字动物。

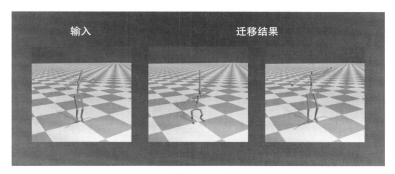

视频

图 8-28　运动迁移[21]

相同的动作，不同的人做出来，或者在不同的情境中做出来都会有明显的视觉差异，这就是所谓的运动风格。风格通常难以直接描述和量化。目前，通过神经网络，我们已能将人的基本运动和运动风格分离。将分离之后的两部分进行任意组合，如把一个人的运动风格放到另外一个人身上，或者把一个人的运动风格按照情绪和体能做适度的调节，就可以生成各种各样的人体运动（图8-29，视频在本讲的时段：00:21:40—00:22:42）。

我们也可以将捕捉到的骨骼运动拆分成更小的片段，通过片段拼接生成能够实时交互响应用户输入的运动序列。比如，用户可以实时控制数字世界中人的运动方式、方向、速度等等（图8-30，视频在本讲的时段：00:22:43—00:23:06）。

21　资料来源：Aberman K, Li P-Z, Lischinski D, et al. Skeleton-aware networks for deep motion retargeting. ACM Transactions on Graphics, 2020, 39(4), Article 62: 1–14.

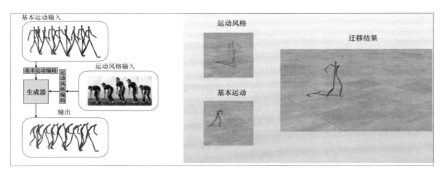

视 频

图 8-29　风格迁移[22]

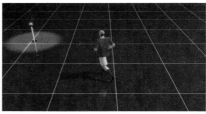

视　频

图 8-30　具有实时交互响应的运动生成[23]

另外，我们还可以通过声音和文字来生成相应的动作。一个人在说话的时候，他的手势与所说的内容通常是相关的，情绪激动时手势一般会有所不同；一个人的个性也会体现在他的手势上。由此受到启发，我们可以考虑利用声音和文字来生成相应的动作。这是一种跨模态的人体运动生成，也是一种非常高效的动作生成方式（图 8-31，视频在本讲的时段：00:23:07—00:23:40）。

三维人体运动仿真绝不仅限于捕获数据的编辑和重现，还需要控制数字人的运动反馈，使其能在感知到外部环境变化后生成相应的动作反馈（图 8-32，视频在本讲的时段：00:23:41—00:24:25）。比如，当数字人受到外部物体的撞击时，它应有相应的动作变化，然后可能会主动针对这个物体进行回击。

22　资料来源：Aberman K, Weng Y-J, Lischinski D, et al. Unpaired motion style transfer from video to animation. ACM Transactions on Graphics, 2020, 39(4), Article 64: 1–12.

23　资料来源：Holden D, Kanoun O, Perepichka M, et al. Learned motion matching. ACM Transactions on Graphics, 2020, 39(4), Article 53: 1–12.（左）

　　Ling H-Y, Zinno F, Cheng G, et al. Character controllers using motion VAEs. ACM Transactions on Graphics, 2020, 39(4), Article 40: 1–12.（右）

视频

图 8-31　跨模态的人体运动生成：手势表演[24]

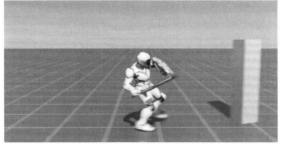

视频

图 8-32　数字人感知到外部环境变化后动作反馈[25]

24　资料来源：Ao T-L, Gao Q-Z, Lou Y-K, et al. Rhythmic gesticulator: Rhythm-aware co-speech gesture synthesis with hierarchical neural embeddings. ACM Transactions on Graphics, 2022, 41(6), Article 209: 1–19.

25　资料来源：Yao H-Y, Song Z-H, Chen B-Q, et al. ControlVAE: Model-based learning of generative controllers for physics-based characters. ACM Transactions on Graphics, 2022, 41(6), Article 183: 1–16.（上）

Tessler C, Kasten Y, Guo Y-R, et al. CALM: Conditional adversarial latent models for directable virtual characters. 2023 ACM SIGGRAPH Conference, Los Angeles, 2023.（下）

在数字人对周边场景具有感知且能够做出相应的动作变化后，我们就可以让数字人通过学习的方式不断尝试，从而掌握一些高难度动作的技巧，能够完成一些高难度动作，比如踩滑板、踩球等（图 8-33，视频在本讲的时段：00:24:26—00:25:13）。这些技能都需要很好的平衡能力，数字人一旦掌握这些技能，就可以根据指令做出相应的动作，比如踩着球往某个方向走。

视 频

图 8-33　数字人完成高难度动作：踩滑板、踩球[26]

其实，我们的身体、手以及其他肢体部位能完成很多精细的动作，才使得我们能够跟现实世界的物体进行很好的交互。这对虚拟数字世界的数字人来说也是一样的，要实现与物体的很好交互，需要掌握很精细的动作。图 8-34 展示了数字世界的灵巧手及其使用工具的过程（视频在本讲的时段：00:25:14—00:25:35）。

26　资料来源：Liu L-B, Hodgins J. Learning to schedule control fragments for physics-based characters using deep Q-learning. ACM Transactions on Graphics, 2017, 36(3), Article 29: 1–14.

输入

输出

视 频

图 8-34 灵巧手及其使用工具的过程[27]

在现实世界中，会运动的生物不仅有人类，还有动物。动物和人的身体结构不一样，从而动作也不一样。比如四足动物，它们的行走会展现出独特的运动模态。不过，我们可以基于四足动物行走时的运动模态特点，将数字人运动生成和控制技术应用到四足动物上，生成四足动物在复杂三维地形中的行走、奔跑和跳跃等运动，如图 8-35 所示（视频在本讲的时段：00:25:36—00:26:14）。

视 频

图 8-35 四足动物的运动生成[28]

8.2.4 虚实融合

一旦能够生成一个数字世界，我们就可以借助一些专门的设备，如虚拟

27　资料来源：Zhang H, Ye Y-T, Shiratori T, et al. ManipNet: Neural manipulation synthesis with a hand-object spatial representation. ACM Transactions on Graphics, 2021, 40(4), Article 121: 1–14.（左）

　　资料来源：Yang Z-S, Yin K-K, Liu L-B. Learning to use chopsticks in diverse gripping styles. ACM Transactions on Graphics, 2022, 41(4), Article 95: 1–17.（右）

28　资料来源：Zhang H, Starkes, Komura T, et al. Mode-adaptive neural networks for quadruped motion control. ACM Transactions on Graphics, 2018, 37(4), Article 145: 1–11.（左）

　　资料来源：Coros S, Karpathy A, Jones B, et al. Locomotion skills for simulated quadrupeds. ACM Transactions on Graphics, 2011, 30(4), Article 59: 1–12.（右）

现实设备和增强现实设备，通过现实世界中的行为来控制数字世界中的事物，实现虚实融合。

举一个具体的例子，在图 8-36 所示的虚拟场景中，我们可以通过戴上虚拟现实手套和头盔，将我们的手和头部映射到数字世界里，与数字物体进行交互（视频在本讲的时段：00:26:38—00:27:08）。比如，从不同的角度观察这个虚拟的数字世界，把数字世界中的物体拿起来，等等。于是，数字世界的场景变成了一个动态的场景。

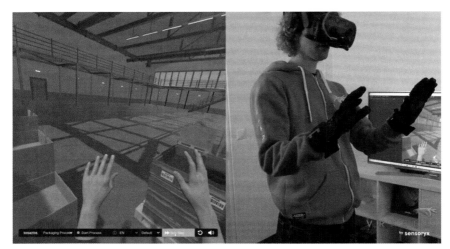

视 频

图 8-36　利用虚拟现实手套和头盔与数字物体进行交互 [29]

还可以通过真人表演和数字化技术融合的方式，创造更多数字世界的内容。比如，可以先对现实世界进行数字重建，然后由真人戴上传感器进行表演。这样的表演被实时数字化，并自然地融入之前建立的数字世界中（图 8-37，视频在本讲的时段：00:27:09—00:28:12）。通过这样的方式，可以创造出包括栩栩如生的人物动作、高度逼真的数字化场景在内的丰富多彩的数字世界。这种虚实融合是一个非常有效的生成丰富多彩数字世界的方式。

29　资料来源：https://baijiahao.baidu.com/s?id=1779282932002865978&wfr=spider&for=pc. [2024-06-30].

视频

图 8-37　真人表演和数字化技术融合

AI 8.3　仿真模拟与智能应用

物理世界仿真模拟技术能够应用于许多领域。比如，构建现实世界的数字孪生世界，用于智慧城市、智能制造、智慧交通等领域，以对现实生活空间进行智能化管理；可以面向人工智能构建数字化场景，在自动驾驶、机器人和具身智能等应用中训练智能体；也可以构建元宇宙来更好地实现游戏和社交（图 8-38）。

图 8-38　物理世界仿真模拟技术的广阔应用领域

具体来说，利用物理世界仿真模拟技术可以生成一个变化多样的数字化城市空间，其中有可用于无人车自动驾驶训练的交通道路。在这样的数字化城市空间里，我们可以生成各种不一样的交通状况（如不同的天气、行人、车流量、横穿马路情况等），并能快速改变道路环境。无人车自动驾驶可以在这样的数字化场景里获得非常安全、高效的训练（图 8-39）。

图 8-39　无人车自动驾驶的虚拟训练 [30]

我们可以在数字世界中进行机器人的设计和训练。比如，我们想制造一个外形类似狗的四足机器人——机器狗，可以先在数字世界里设计它的外形、功能；然后，在这个数字世界里进行模拟，并根据仿真结果不断调整设计方案，直到其行为与预期的机器狗行为足够相似；最后，真正制造出这样的机器狗（图 8-40）。当数字世界和现实世界足够接近时，通过这种方式制造的机器人能够在现实生活中很好地发挥其功能。

我们还可以对机器人做虚实混合的示教训练：一个真实的人进入数字世界里，和机器人进行交互，通过演示等手段指导机器人获得必要的训练，从而让机器人学会自主执行复杂的操作任务（图 8-41）。

30　资料来源：https://wdp.51aes.com/. [2024-06-30].

行走

仿真机器狗（参照）　　　　　实体机器狗　　　　　　　实体机器狗
　　　　　　　　　　　　　　　（自适应前）　　　　　　（自适应后）

转圈

仿真机器狗（参照）　　　　　实体机器狗　　　　　　　实体机器狗
　　　　　　　　　　　　　　　（自适应前）　　　　　　（自适应后）

图 8-40　机器狗的设计与训练[31]

 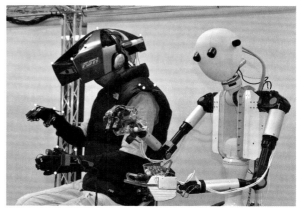

图 8-41　机器人虚实混合的示教训练[32]

31　资料来源：Peng X-B, Coumans E, Zhang T-N, et al. Learning agile robotic locomotion skills by imitating animals. Robotics: Science and Systems, 2020.

32　资料来源：Alpaugh K, Ast M P, Haas S B. Immersive technologies for total knee arthroplasty surgical education. Archives of Orthopaedic and Trauma Surgery, 2021, 141(12): 2331–2335.（左）

Fernando C L, Furukawa M, Kurogi T, et al. Design of TELESAR V for transferring bodily consciousness in telexistence. 25th IEEE/RSJ International Conference on Intelligent Robots and Systems, Algarve, 2012.（右）

具身智能机器人的训练也是物理世界仿真模拟技术的一个关键应用（图8–42，视频在本讲的时段：00:30:46—00:31:24）。具身智能机器人配备了类似大脑、眼睛、手臂等的各种传感器和机械装置，能和人一样与环境交互感知，自主规划、决策、行动。对具身智能机器人进行训练时，可以在变化多样的数字世界中不断地探索，然后在现实应用场景中进行精细调整，以达到提升它对环境的适应和认知能力。

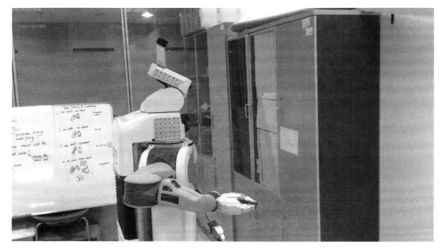

视 频

图 8–42　具身智能机器人的训练

物理世界仿真模拟技术还可以对现实中发生的精彩事件进行智能化转播，让人们能有身临其境的感受和观赏体验。比如，我们可以在体育馆安装多路相机来同步拍摄比赛场面，通过三维几何重建技术生成一个全场域无缝的自由视角视频，让观众可以从各个角度自由观看比赛。我们科研团队受奥林匹克广播服务公司的邀请，将这项技术应用到冬季残疾人奥林匹克运动会，对整个冰球比赛进行了全程转播。在转播过程中，生成了200多条精彩瞬间的"子弹时间"视频，为观众带来了不同寻常的观赛体验（图8–43，视频在本讲的时段：00:31:25—00:32:36）。

视 频

（a）多路相机的同步拍摄　　　　（b）全场域无缝的自由视角视频

图 8-43　精彩事件的智能化转播

另外，作为元宇宙的核心技术，物理世界仿真模拟技术未来将会给医疗、教学、模拟驾驶训练、农业、建筑业、艺术等方面带来革命性的变化（图 8-44，视频在本讲的时段：00:32:39—00:33:05 ）。

视 频

图 8-44　物理世界仿真模拟技术的应用：元宇宙 [33]

AI 8.4　从数字生成到智能理解

通过数字化方式模拟现实世界，能够对现实世界的几何形状、物理规律、运动控制进行高度结构化、语义化和紧致化的知识表述。这样的数字化知识表述反过来能够为机器人理解现实世界提供帮助。

现实世界中没有比人更智能的智能体了，如果我们能够对人的结构、骨骼、肌肉、视觉能力、认知推理能力进行表述、建模（图 8-45，视频在本讲

33　资料来源：https://www.sohu.com/a/491923445_213766. [2024-06-30].（左）
https://www.sensetime.com/cn/product-detail?categoryId=32362. [2024-06-30].（中）
http://bytev.cn/index.php?app=shop. [2024-06-30].（右）

的时段：00:33:47—00:34:23），那么这套数字化表述方法就能帮助我们更好地理解人的智能，从而让机器人更好地理解人、为人类服务。

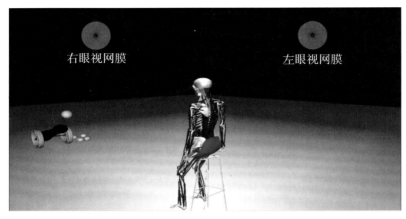

视 频

图 8-45　人的结构、骨骼、肌肉、视觉能力、认知推理能力建模[34]

　　仿照人的智能形成过程，我们可以利用物理世界仿真模拟技术建立大型任务平台，在平台上构建日常生活中的不同任务场景。比如，构建在厨房里做饭的场景。即使对于这个具体而简单的场景，各任务的仿真模拟也是非常复杂的，涉及洗菜、切菜、烧菜、取碗碟等一系列操作。在机器人执行这个大任务平台的一系列任务的过程中，通过物理世界仿真模拟技术能够实时、精准地提供相应的视觉输出，使得机器人能够获得与在现实生活中一样的反馈。这有助于机器人在生活各方面的场景中进行智能化的训练，不断地提高它的智能水平（图 8-46，视频在本讲的时段：00:34:24—00:35:40）。

34　资料来源：Nakada M, Zhou T, Chen H-L, et al. Deep learning of biomimetic sensorimotor control for biomechanical human animation. ACM Transactions on Graphics, 2018, 37(4), Article 56: 1–15.

视　频

图 8-46　大任务平台：多尺度的物理仿真和社会仿真系统

 思考题 >>

1. 与传统机（车）载三维扫描重建相比，你能列举出众包式三维几何重建的优势吗？

2. 在人工智能训练中，以下哪些不是使用数字世界进行交互的优势？
（　　　）

A. 数字世界交互比现实世界交互更高效

B. 数字世界交互比现实世界交互更安全

C. 数字世界交互比现实世界交互更无偏差

D. 数字世界交互比现实世界交互更真实可靠

3. 人工智能训练一定要在和现实世界对应的数字世界中实现吗？

4. 仿真模拟还无法将人类的味觉和嗅觉映射到虚拟的数字世界，你认为它们对智能的形成有关键作用吗？为什么？

许 多

天津音乐学院副教授，曾作为中国艺术管理领域第一位获国家留学基金"艺术类人才培养特殊项目"资助的学者，赴美从事音乐与科学交叉学科的研究。现任中国自动化学会普及工作委员会副秘书长、中国计算机学会高级会员、中国计算机学会计算艺术分会专业委员会委员、中国音乐家协会会员、中国技术经济学会神经经济管理专业委员会常务委员等。主持与主研国家自然科学基金项目、国家社会科学基金项目、教育部人文社会科学研究项目等国家级与省部级项目10项，在《人民音乐》《音乐艺术》等SCI、EI和国内外核心期刊上发表论文30余篇。

第九讲

舞动科技的音符
——音乐人工智能

　　人工智能续写的贝多芬《第十交响曲》与贝多芬想要的作品相差远吗？一首歌是怎么创作的呢？音乐和语言有什么关系？人工智能是怎么听懂音乐的？这一讲我们就这些问题和大家一起揭开音乐人工智能的神秘面纱。

🅐 9.1 引言：人工智能续写的贝多芬《第十交响曲》

2020 年是伟大的作曲家贝多芬诞辰 250 周年，在这样一个特殊的年份中，世界各地都组织了很多音乐会去纪念这位伟大的作曲家。在贝多芬身上，我们看到的是他用悲伤的人生谱写欢乐的乐章，无论生活赋予的是乐还是苦，他永远是那么有激情，对生活充满了向往和憧憬。

在 2021 年，人工智能界和音乐界联合，由美国罗格斯大学的艾哈迈德·埃尔加迈尔（Ahmed Elgammal）教授带领团队，对贝多芬的《第十交响曲》进行了续写。贝多芬在 1824 年完成了他的《第九交响曲》，该交响曲以永恒之作《欢乐颂》结尾。但说到《第十交响曲》，贝多芬并没有留下太多的东西，只有一些音乐笔记和草草记下的乐思。图 9-1 给出了贝多芬《第十交响曲》第一乐章的部分手稿，可以看到其中仅有非常少的音符（图 9-1）。

图 9-1　贝多芬及其《第十交响曲》第一乐章的部分手稿[1]

如果贝多芬还在世，他会如何谱写《第十交响曲》呢？这已成为一个千古之谜。

人工智能续写的《第十交响曲》是怎样的呢？下面我们一起来聆听由人工智能续写的《第十交响曲》第四乐章的演奏（图 9-2，视频在本讲的时段：00:03:46—00:06:29）。

1　资料来源：http://new.qq.com/omn/20210930/20210930a051tc00.html. [2024-06-30].

视 频

图 9-2　人工智能续写的《第十交响曲》第四乐章 [2]

对于人工智能续写的《第十交响曲》有许多评论，下面是三个具有代表性的、值得思考的评论：

评论 1：一首人工智能创作的乐曲的满意程度，可以用作曲家其他作品的手稿进行检验，即将贝多芬的一个作品的手稿输入人工智能系统，创作后与原作品对比，这样我们便可知道人工智能续写的《第十交响曲》离贝多芬想要的作品到底还有多远。

评论 2：人工智能所创作的音乐作品还无法体现人类在生活中所感触的喜怒哀乐。这些情感是从意识层面直接影响创作的，人工智能续写的《第十交响曲》更像是对贝多芬其他作品的机械式复制，是从数学公式的角度制作的音乐。虽然贝多芬离去已久，但他的经典作品仍深受我们的喜爱，也定有人能从这首人工智能所续写的《第十交响曲》中寻找到属于自己的慰藉。

评论 3：作为一个人工智能作曲的作品，它确实做出了贝多芬的感觉，对此我感到十分惊喜，也好奇团队是如何判断一首乐曲或一个乐章创作完成的。但就听音乐而言，我感觉这只是对贝多芬其他交响曲的拙劣的模仿，特

2　资料来源：http://mms0.baidu.com/it/u=1659804445,3348038323&fm=253&app=138&f=JPEG?w=500&h=281. [2024-06-30].

别是第三乐章的谐谑曲，模仿了《c 小调第五交响曲》的谐谑曲 [3]，或许不如选择第七乐章、第八乐章更为顺耳。不知道贝多芬是否会满意这样的对自己作品的模仿，至少我认为他是不会满意的。

听完续写的贝多芬《第十交响曲》并看了上述关于它的评论之后，相信大家对人工智能创作乐曲会有自己的一些看法。但毋庸置疑的是，音乐与人工智能的结合将在未来给我们带来更多的惊喜。

AI 9.2　科学技术驱动音乐发展

人工智能续写的贝多芬《第十交响曲》，是科学技术进行音乐创作的一个尝试。从乐器的发展来看，工业革命以来新技术与新思潮的出现，都对音乐行业产生了极大的影响。人们对艺术的渴望，促进了音乐家的创作热情，并以创造出新的音乐来满足音乐爱好者的需求为己任。

机械化的新材料为乐器制作工艺和音响效果的升级提供了基础。比如，出现了很多电声乐器（如电吉他、电贝斯等），它们为演出带来了新的音响效果（图 9-3）。再如，著名的斯特拉迪瓦里小提琴由世界顶级的小提琴制作工匠制作，拥有如女高音般绚丽圆润的音色以及对称美观的外表。每把这种小提琴都是手工制作的，拥有各自不同的音色特点。特别地，华裔小提琴家陈锐所用的斯特拉迪瓦里小提琴——"海豚"在音色上就有很大的张力，对于高音和低音、强音和弱音都能任由演奏家发挥，表现出极大的戏剧性的张力，同时其琴声轮廓与背板花纹的样貌也使得它获得了"海豚"的美名（图 9-4）。又如，施坦威钢琴（对于喜爱钢琴的人来说应该不会陌生）自动演奏部分在功能上有了很大的提升，其最新的系统不仅可以自动演奏大师水准的录制作品，而且可以做到在异地几乎同步演奏，消除了以往网络传输所带

3　这里给大家补充一个小小的常识。古典主义时期，贝多芬最早在交响曲、奏鸣曲与弦乐四重奏等大型器乐的套曲中，用奔腾活跃的谐谑曲取代典雅的小步舞曲。贝多芬不仅丰富了作为一个固定乐章的谐谑曲的表现力，使它成为能够表现多方面音乐形象的题材，而且使谐谑曲从表现外在形象的舞蹈性题材，提高成能够表现在矛盾冲突中变化发展的心理现象和精神境界的戏剧性题材。比较著名的是贝多芬的《c 小调第五交响曲》的第三乐章，它是典型的戏剧性谐谑曲的代表之作。

来的在合奏中非常令人头疼的延迟问题。相信这种功能的提升未来会对演出和音乐教育产生巨大的影响。

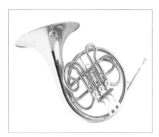

电吉他　　　　　　　　　　钢琴　　　　　　　　　　圆号

图 9-3　用机械化新材料制作的乐器[4]

斯特拉迪瓦里的印象油画　　　　　　　　　　"海豚"

图 9-4　斯特拉迪瓦里小提琴[5]

科学技术对音乐创作的本体也产生了巨大的影响。比如，在第一次工业革命发生后，法国大革命对 18 世纪、19 世纪的欧洲产生了巨大的影响，如果用理性来代表 18 世纪，那么 19 世纪就是理性的突破，欧洲艺术家在中世纪文艺复兴时期、巴洛克时期和古典主义时期积累的所有情感与想法在 19 世纪都迸发了出来。而新兴资产阶级对音乐的热情使作曲家逐渐摆脱对贵族的依附，为其自由创作，这时靠票房收入获利成为主流，从而在创作风格上也更注重抒情性、标题性和商品性。

4　资料来源：http://v.163.com/static/1/VOQTS3FG6.html. [2024-06-30].

5　资料来源：http://www.stviolins.com/h-nd-63.html?fromColId=5. [2024-06-30].

9.3　音乐的特点

9.3.1　音乐的特殊性

音乐人工智能首先要尊重音乐的特殊性。音乐是最具抽象性的艺术形式。艺术有很多种形式，在这些艺术形式中，戏剧是最广受喜爱的一种艺术形式之一，比较直观，容易受到思潮的影响，绘画往往是某个历史时期所产生思潮变化的一个最终体现形式，而音乐往往是在这两种艺术形式都发生了巨大变化之后才会受到一些影响，这也就是音乐抽象性的体现。音乐的这种抽象性，使得时间才是检验它的唯一标准。

音乐的特殊性还在于音乐创作的灵感是可遇而不可求的。是否人人都可以成为音乐的创作者呢？这个问题在音乐的抽象性里其实就有所体现了。音乐的创作，在有一个乐思的前提下，还需要基于艺术修养所积累的音乐技术，来帮助实现如何从一个乐思到一首乐曲的过渡，而这样的创作技术往往不是每个人都能够掌握的。

9.3.2　音乐的复杂性

音乐的另外一个特点是复杂性。

音乐领域的一些学者曾经做过一系列实验，这些实验充分体现了音乐类似于复杂系统（复杂系统一般有四个特征：海量数据、相互依赖性和非线性、连通性、自治和自适应性），具有复杂性。比如，扫描大脑在听音乐时的反应，会发现脑电波在仪器中的变化和音乐所表达情感的无标度性是一致的，这些变化具有无标度性，类似于数学混沌与分形理论中的无标度性。无标度性，是指在具有分形性质的物体上任选一局部区域，由于其自身具有自相似性，对局部、区域进行放大后，得到的放大图形会显示出原图的形态特性。

举一个具体的例子，巴赫的《C 大调前奏曲》具有音乐强度的无标度性，并且它的旋律、音程符合分形的分布，节奏与音程都具有标度的无关性（图9-5）。

图 9-5 巴赫的《C 大调前奏曲》片段

AI 9.4 音乐人工智能及其挑战

9.4.1 什么是音乐人工智能?

音乐人工智能主要研究如何将人工智能的算法和研究方法应用于音乐创作、音乐表演、音乐传播等音乐制作领域。

目前,我们在做的音乐人工智能研究,就是将通用人工智能应用于音乐的建模、分析、生成与评价等,将音乐人工智能模型的价值观与人类的价值观对齐,以实现一种更可控、更具可解释性的音乐人工智能方案,推动音乐艺术的发展。关于音乐的建模、分析,主要使用一些比较偏文科的分析方法,比如传统乐理的方法。我们希望能够发现一些新的研究和测试,为音乐分析提供新的思路和研究方法。

9.4.2　音乐人工智能的挑战

音乐的特殊性给音乐人工智能带来了挑战，这主要表现在对传统的深度学习的基本范式提出了挑战。在传统的深度学习中，往往需要通过大量的数据去处理一些特定的、具体的任务，泛化性和推广性不足。对于音乐而言，我们每个人本身就是一个独立的个体，在人的精神属性和生活积累之下，艺术创作更加绚烂多彩、不拘一格，这导致很多个性化和特异性问题。此外，在我们用大数据处理一些特定任务的时候，往往不能针对特定任务真正地思考、理解和消化，从而很难得出一种符合逻辑的推理方式。

还可能存在的挑战是：如何对音乐的解释性进行探索？我们在进行音乐教学的时候，往往会问学生关于一首乐曲的解释性问题。比如，从这首乐曲中你听到大海的声音了吗？无论是作曲家还是音乐学家的这种解释性，对传统的深度学习都是很大的挑战。

相对于图像领域和金融领域，音乐领域没有那么多标注好的数据，可能无法满足深度学习的需求。很自然地，我们会有这样的问题：对于这种小数据音乐领域，是否能借助人工智能创作出五彩斑斓的音乐，创作出我们想象中的声音世界呢？

在上述这样的背景下，音乐人工智能作为人类和人工智能之间的桥梁之一，应该可以启发我们对于未来人工智能技术的一些思考。

🅰 9.5　音乐人工智能的一些研究内容

9.5.1　人创作音乐作品的过程

音乐具有特殊性和复杂性，那么人是如何创作音乐的呢？我们以一首歌的创作为例，说明人创作音乐的过程。开始时作曲家的脑海里往往会涌现出一个乐思；然后，作曲家根据长期学习训练所掌握的作曲理论知识和技术，把乐思扩展为一首作品（图9-6）。

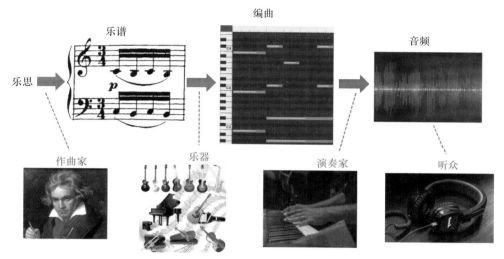

图 9-6　人创作音乐作品的过程

在音乐创作过程中，需要传统的音乐创作技术，同时也需要作曲家个人特色的音乐创作和理解。为了将一个乐思扩展成一首作品，作曲家的工作主要以生成乐谱为主。乐谱通过不同的乐器来进行演奏，这就涉及作曲家配器的过程。比如，若生成的是钢琴谱，则要有高音谱和低音谱之分；若生成的是乐队谱，则不同的谱面上往往会标注各种不同的乐器，这表示需要通过乐队将不同的演奏家组合在一起，把音乐呈现出来。对于电子音乐，可能还涉及选择不同的合成器、设计不同的音效进行编曲。在演奏家组合或编曲完成后，就能给出音频，形成一首较为完整的作品。

9.5.2　音乐作品的结构解析

我们先介绍一下流行歌曲的结构。

常见的流行歌曲在一般情况下以 8 小节为一个单位进行段落划分，一首流行歌曲在结构上会有如下段落：前奏、主歌、预副歌、副歌、尾声。这里以周杰伦的《七里香》为例进行说明。这首作品具有非常标准的流行歌曲框架，整首歌以 8 小节为单位向下一结构进行，其中第 1 ～ 8 小节为前奏，第 9 ～ 16 小节为主歌，第 17 ～ 24 小节为预副歌，第 25 ～ 32 小节为副歌，第 33 ～ 40 小节为副歌（再现），第 41 ～ 48 小节是桥段（纯器乐的段落），

第 49 ～ 56 小节是副歌（再现），第 57 ～ 64 小节为预副歌（再现），第
65 ～ 72 小节副歌，第 73 ～ 80 小节副歌（反复），第 81 ～ 88 小节为尾声（结
束扣题）（图 9-7，音频在本讲的时段：00:29:16—00:34:10）。听了这首歌
曲后可以发现，整首歌曲中出现了 3 次副歌，共唱了 5 遍同样的副歌旋律。
这样的重复可以达到抓耳、洗脑的效果，这也就是为什么有的歌曲传唱度那
么高的原因之一。

结构：前奏—主歌—预副歌—副歌—副歌—桥段—副歌—预副歌—副歌—
　　　副歌—结尾

视 频

图 9-7　周杰伦的《七里香》片段

相对于流行歌曲，古典音乐的结构更加复杂。比如一首奏鸣曲或协奏曲，
它的结构往往会分为四个乐章，其某一个乐章中间还会再重复，这样的重复
属于作曲家自己的创作技法。

音乐的结构非常复杂，那么如何通过人工智能对音乐的复杂结构进行描
述呢？对此，我们可以利用与或图技术来实现。

为了帮助理解与或图是如何对音乐结构进行解析的，我们先看一个关于与或图对图像的解析。如图 9-8 所示，图最上面是一张图像中的人，在计算机视觉中人工智能能够解译出这个人的前景和背景，进而将人体分解成上半身和下半身，其中上半身还可以进一步分解出头部、肩颈、躯干；下半身还可以进一步分解出左腿和右腿。经过一步步地分解，就形成一棵解析树，在这棵解析树上的每个节点都有相应的属性。比如"头部"的这个节点，从中可以看到如下属性：头发是多还是少，眼睛是大还是小，等等。这些都属于这个人的特定属性。

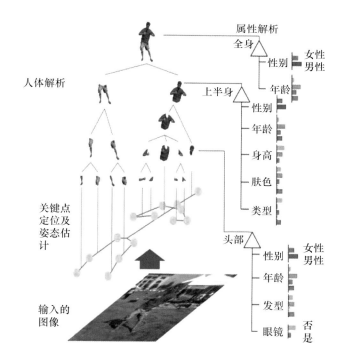

图 9-8 人体的与或图

将与或图应用到音乐中，就是将一段乐曲的前景音乐事件属性与背景音乐结构解析出来，再通过分析某一节点的情绪状态，对这段乐曲进行更多解析，从而得到这段乐曲结构的与或图。其实，从某种意义上来讲，交响乐的布局更加符合这种与或图的解析理论。

利用与或图，通常可以由一段乐曲中解析出从乐段、乐章、乐节、音型到音符的层次结构，并且能够计算出每个音型的中心音、乐节的旋律包络，统计音高、音程及调性等音乐元素。图 9-9 给出了一段乐曲的解析。通过这样的方式，即使没有学过复杂的乐理，我们也可以对这段乐曲进行解析，从而对它的层次结构和音乐元素有比较直观的了解。

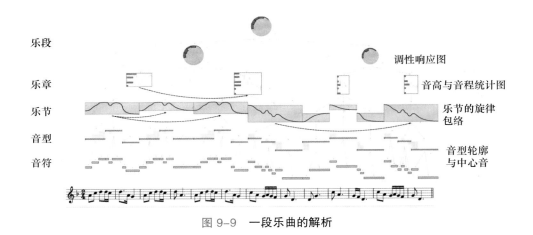

图 9-9　一段乐曲的解析

下面我们来听一段乐曲，同时也看一下这段乐曲的人工智能对齐的解析过程（图 9-10，视频在本讲的时段：00:38:53—00:39:27）。

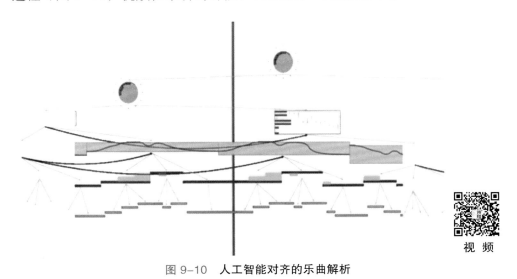

视频

图 9-10　人工智能对齐的乐曲解析

9.5.3　音乐的 UV 理论

除了与或图理论之外，音乐人工智能还有一个非常重要的理论基础就是音乐的 UV 理论。如图 9-11 所示，左边的部分代表 U，表示通用人工智能对音乐的表示、学习、解析、采样、生成等功能；右边的部分代表 V，表示对音乐的价值函数的研究，包含了乐理、审美、与人类价值观对齐等研究。所谓与人类价值观对齐，是指让机器懂得人类的情感，让机器与人类的情感表征保持一致，将机器之"心"对齐人类之心。

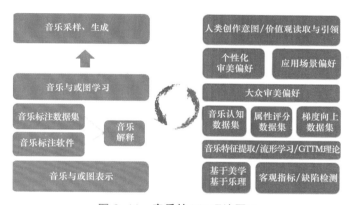

图 9-11　音乐的 UV 理论图示

9.5.4　音乐人工智能的美学基础

人工智能创作音乐作品的美学基础是什么？除了传统的作曲理论四大件（和声、复调、曲式、配器）之外，人工智能创作音乐作品的美学基础还包括一些传统乐理的作品分析手段以及随着音乐学的发展而出现的一些新理论，尤其是认知音乐学。认知音乐学是音乐学的一个分支，主要研究人类是如何感知、理解和表达音乐的，它涉及心理学、神经科学、语言学等，是一门多学科交叉融合的学科。我们可以借助认知音乐学思考人们对于音乐的反应。认知音乐学更像是在解析人类对于音乐创作和聆听的初心。

音乐创作中包含了对传统美学思想的继承和发扬。这里简单介绍一下中国的传统美学思想。在中国的审美习惯中有一种审美模式叫作通感，它是一种非常重要的美学思想：不是用一种艺术形式来体会美、感受美，而是从更多的维度去审视美、认知美;不仅有听觉,还会把听觉形象转化为视觉形象。比如,苏轼对王维的作品评价"味摩诘之诗,诗中有画;观摩诘之画,画中有诗"中就体现了通感这一美学思想。

9.5.5　音乐对大脑的影响

我们首先来看专业人士与非专业人士在唱歌的时候,大脑活动区是不是有差别。经研究发现,专业人士与非专业人士在唱歌的时候,大脑活动区是不一样的,如图 9-12 所示。

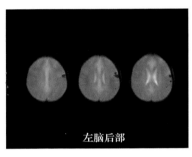

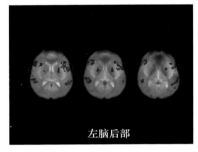

（a）专业人士　　　　　　　　　　　（b）非专业人士

图 9-12　专业人士与非专业人士唱歌时的大脑活动区对比[6]

可以看到:非专业人士面对不同的音色、节奏、旋律时一般都很紧张,在短时间内大脑会用较多功能区域来加工;但专业人士会将曲谱及歌词作为一个整体来加工、演唱,这有点像肌肉有肌肉记忆一样,从而在唱歌的时候不会有太复杂的大脑反应活动,而是集中用大脑某些特定的功能区域进行加工,导致这些功能区域产生更为强烈的反应。

接着,我们来看看人在听音乐时大脑都会有哪些反应。

科学家研究了人在听音乐时大脑各功能区(图 9-13)的神经反应,发现对音乐的不同要素,大脑中负责加工的区域也有所不同:对于音高,负责加工的区域主要在额叶背外侧皮质后部、颞平面,具有右偏侧性;对于节奏,负责加工的区域主要在双侧上颞区、左下顶叶和右额盖;对于音色,

---

6　资料来源:https://m.bilibili.com/bangumi/play/ep126238?spm_id_from=333.337.0.0. [2024-06-30].

负责加工的区域主要在右颞叶；对于旋律，右侧主要负责轮廓认知，左侧主要负责音程认知等。也就是说，在听音乐的时候，我们的整个大脑几乎都在活动。

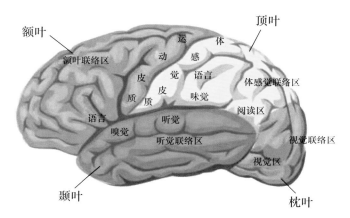

额叶　额叶联络区　运动　体感　皮质　皮质　语言　味觉　体感觉联络区　顶叶　阅读区　语言　嗅觉　听觉　听觉联络区　视觉联络区　视觉区　颞叶　枕叶

图 9-13　大脑的功能分区[7]

我们经常听到这样一种言论：学音乐的孩子学习成绩会更好。这种说法可能不一定正确，因为上述关于听音乐时大脑各功能区神经反应的实验结果，只反映了一个短期的效应。但我们可以看到的是，在听音乐过程中大脑的主要功能区都会参与。也就是说，听音乐时人的大脑会更加活跃，这是有益的。

9.5.6　音乐与语言的联系

音乐和语言之间存在着紧密的联系。社会学家发现，在非洲某些部落，在孩子们学习语言之前人们是用音乐来传达对孩子们的教育的。也就是说，关于部落的所有知识和规则，都是通过编成儿歌来传授给下一代的。这些部落没有文字，所以部落的所有传承都是依靠音乐来实现的，音乐在当地承担着语言的重任。

美国作曲家伯恩斯坦（Bernstein）曾在哈佛大学的讲座中明确提出：要将乔姆斯基（Chomsky）的语言学理论运用到音乐学之中。另外，我们在相

7　资料来源：http://www.zhihu.com/question/583231384. [2024-06-30].

关的研究中发现，民歌的创作更符合作曲家的母语节奏。比如，从浪漫主义后期英国民族乐派作曲家爱德华·埃尔加（Edward Elgar）的《威风凛凛进行曲》，能够听到有非常强的音节的抑扬顿挫；我们在听法国作曲家德彪西（Debussy）、圣－桑（Saint–Saëns）的作品的时候，会有非常梦幻、非常浪漫的感觉。

AI 9.6 音乐人工智能的技术展示

9.6.1 人工智能音乐创作

如何实现人工智能音乐创作是一个技术问题。对此，我们提出了具体的实现路径，如图 9–14 所示。

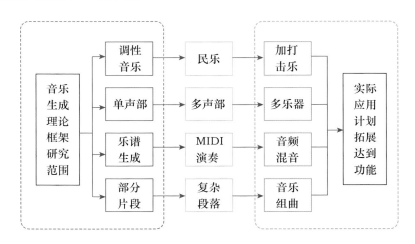

图 9–14 人工智能音乐创作的实现路径

在上述人工智能音乐创作的实现路径里，音乐生成理论框架研究范围涵盖了调性音乐、单声部、乐谱生成、部分片段这些内容。我们希望能够从音乐生成理论框架的研究开始，通过不同的方法最终实现实际应用计划拓展所要达到的各种功能。比如，在做调性音乐的时候，我们可以做一些民乐，并加入一些打击乐；在做单声部音乐的时候，我们希望能从单声部发展到多声部，并且进入多乐器演奏。然后，在架构里我们希望有乐谱生成、MIDI 演奏和音频混音。最后，我们希望能够由部分片段生成复杂段落，再进行音乐组曲，实现从乐谱生成到 MIDI 生成，再到音频生成。

图 9-15 是利用与或图理论和 UV 理论实现人工智能音乐创作的过程演示（视频在本讲的时段：00:55:39—00:58:47）。

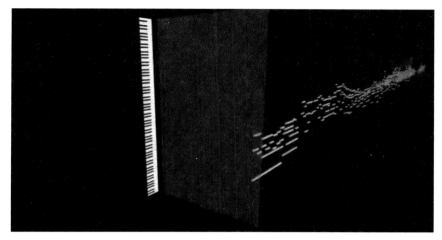

视 频

图 9-15　人工智能音乐创作的过程演示

9.6.2　音乐表演的研究

音乐表演就是把谱好的乐曲更好地呈现给观众。声音是音乐表演活动的核心媒介，视觉、动作、环境等也是音乐表演密不可分的要素。所以，音乐表演是音乐人工智能中非常重要的研究课题。

音乐人工智能中关于音乐表演的研究通常按如下过程进行：从音乐表演中提取声音→将声音符号化为 MIDI 数据→由 MIDI 数据采样合成声音。图 9-16 是北京大学吴玺宏团队完成的关于音乐表演的研究工作。

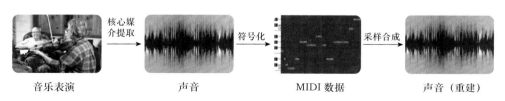

图 9-16　关于音乐表演的研究

在上述关于音乐表演的研究过程中，对声音所做 MIDI 数据处理会丢失一定程度的谱面信息。所以，在提取声音的时候，要采用真实声音的录制素材；而且在按照 MIDI 协议进行拼贴、插值等合成的时候，要尽量补充声音符号化 MIDI 数据采样这步所损失的信息。这对于现在的音乐人工智能技术有很大的挑战性，希望未来能够解决这种不完整的呈现问题，把各种乐器的声音通过算法模拟更好地呈现出来。

9.6.3 民族唱法和美声唱法异同的分析

以往在分析比较民族和美声两种不同唱法的时候，缺少足够的定量描述，往往通过圆润、剔透、明亮、有穿透力等词汇来做比较性描述。实际上，大家通过听觉就可以非常容易地区分出来，可以感觉到发音方法不一样。那么，具体为什么不一样？即这种差异性是由什么造成的？对此问题，吴玺宏团队做了一些研究工作。首先，他们研究发现，民族唱法与美声唱法的共振峰的峰宽、峰高、频率都存在很大的相似性（图 9-17）。这说明，即使差异很大的两种唱法，其频谱也不能很好地区分。

定义：$\eta = \dfrac{m_2 k_1}{m_1 k_2}$

η 为表征声带上、下两部分本征频率差异的系数

η	均值	方差
民族唱法	0.515	0.03
美声唱法	0.908	0.004

各取五名歌手的音乐平衡部分的平均值

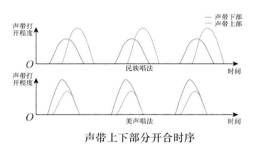

声带上下部分开合时序

图 9-17 关于民族唱法与美声唱法不同的研究

在不同大小的音乐厅以及不同满空程度场景下，室内混响对频谱都有修饰作用，但是听众依然能够很容易区分民族和美声这两种不同的唱法。我们认为，发音方法的区别，更可能是声带的物理特性所造成的，是先天的生理特性与后天训练的综合结果。如何评估、衡量民族唱法和美声唱法的异同呢？对此吴玺宏团队采用了如下的方法：首先构造一个人体声带发声的全物理模

型，然后利用无监督反演模型得到演唱者发声的物理参数，特别是声带参数，最后利用得到的参数分析两种唱法的异同（图9-18）。

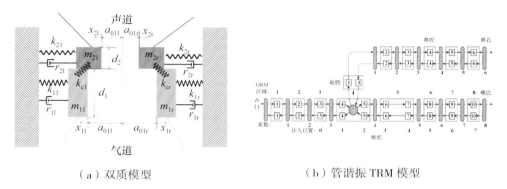

（a）双质模型　　　　　　　　　　（b）管谐振 TRM 模型

图 9-18　人体声带发声的全物理模型

9.7　音乐人工智能的应用及其前景

音乐人工智能可以应用于音乐社交，也可以帮助一些媒体或商业用户进行引流，还可以为不同的人群进行音乐推荐。

目前，音乐人工智能在游戏配乐、短视频和广告配乐中的应用已经比较普遍。相信未来几年游戏配乐会大幅度用到音乐人工智能的技术。将音乐人工智能应用于电影配乐可能是未来长期发展的方向。对于电影配乐，其时长和所要求的音乐生成状态，都还需要进一步的研究工作来实现。

图9-19是我们项目组应用人工智能技术生成的广告配乐（视频在本讲的时段：01:10:22—01:12:21）。

随着音乐人工智能技术的发展，其应用将越来越广泛。未来音乐人工智能在在线音乐、穿戴式音乐治疗，以及音乐教育、音乐表演、音乐生成、音乐技能评测、声音的合成和修正、跨模态的音乐生成、音乐的人机交互等方面都会有非常大的应用前景。

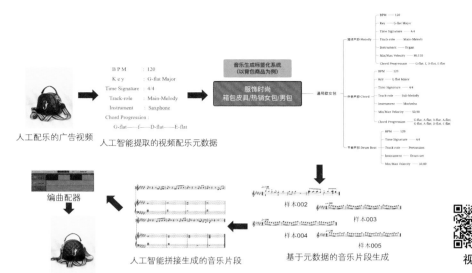

图 9-19　人工智能生成的广告配乐

 思考题 >>

1. 多项选择题：

（1）写一首歌有哪两种方式？（　　　）

A. 从乐器入手　　　　　　　　B. 从歌词入手

C. 从软件入手　　　　　　　　D. 从旋律入手

（2）以下哪些是一首流行歌曲常见的段落部分？（　　　）

A. 预主歌　　　　　　　　　　B. 主歌

C. 预副歌　　　　　　　　　　D. 副歌

（3）音乐人工智能有哪些应用方向？（　　　）

A. 电影配乐　　　　　　　　　B. 短视频配乐

C. 游戏配乐　　　　　　　　　D. 广告配乐

2. 请完成下面的调查问卷：

调查问卷

罗 定 生

北京大学副教授、博士生导师、智能学院副院长、智能机器人与无人驾驶联合实验室主任。长期致力于人工智能、环境感知、智能信息处理、智能机器人等领域的学术研究及教育教学。先后承担国家级、省部级及其他科研项目30余项，发表学术论文100余篇，带领课题团队自主研发多种机器人，其中北京大学双足类人机器人（PKU-HRx）已历六代（共九款）。2021年应邀担任IEEE"认知发展和机器人学习国际会议（ICDL）"大会主席。

第十讲
人工智能在北大

怎样认识智能学科？人工智能当前的研究现状及未来的发展趋势大致如何？投身智能学科有哪些理由？这一讲我们结合北京大学智能学科建设的具体情况，通过简要分析学科发展的基本形势，对这些问题展开讨论，以帮助大家充分了解人工智能，并使大家能对一些关于人工智能的不恰当的公众认知做出正确的判断。

AI 10.1　智能学科

10.1.1　智能思想的起源和智能学科的诞生

智能思想的起源并非近现代的事情,对智能的探索由来已久。很久以前,人们就想着如何使一个人工制造的系统(如机器设备)变得像人一样聪明,以便更好地服务于人类的生产、生活。

比如,早期逻辑学的开创者亚里士多德就探索过人造系统如何思考的问题;古希腊在公元前约 700 年就有记载:畅想过一个青铜巨人塔罗斯,它是一个人造的系统,能完成守卫城堡等任务;据《列子·汤问》记载,公元前 1000 多年周穆王曾召见工匠偃师和歌舞伶人,其中这个歌舞伶人就是偃师制造的一个能唱歌跳舞的机器人——智能体(图 10-1)。

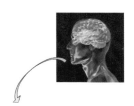

古希腊青铜巨人塔罗斯

借鉴人:像人一样聪明

人造系统如何思考?

周穆王召见偃师与歌舞伶人

图 10-1　早期人们对智能的探索 [1]

60 多年前,基于数学、物理学、电子学等学科衍生出了计算机学科,

1　资料来源:https://www.sohu.com/a/236274116_260616?pvid=ded6b08ce37982f8&spm=smpc.content.huyou.10.1662933556720yKbQJnl. [2024-06-30].(中上)

　　https://upimg.baike.so.com/gallery/list?ghid=first&pic_idx=1&eid=5376880&sid=32332356. [2024-06-30].(中下)

　　https://baijiahao.baidu.com/s?id=1643270253770588629&wfr=spider&for=pc. [2024-06-30].(右)

而正是在计算机、应用数学、统计学、语言学、脑科学、心理学、哲学等众多学科发展、交叉、融汇的基础之上，智能学科应运而生。

作为一个学科，智能学科在教育教学、科学研究、人才培养等方面都需要具备系统性。2002年，北京大学从教育教学、科学研究、人才培养等方面全方位地对智能学科进行系统化的整合，在全球率先设立了智能科学系，同时设立了"智能科学与技术"本科专业，开启了这个领域的研究和人才系统性培养。2007年增列硕士点和博士点，在人工智能领域形成了首个完整的专业人才培养体系。可以说，北京大学是全球智能学科的诞生地。

目前，智能学科涵盖"智能科学与技术"和"人工智能"两个学科，其中智能科学与技术是一门研究自然智能的形成与演化机理，以及人工智能实现的理论、方法、技术和应用的基础学科，是在计算机、统计学、机器学习、应用数学、神经与脑科学、心理与认知科学、自动化与控制系统等基础上发展起来的一门新兴的交叉学科；人工智能是一门以学科交叉为特色的学科，它的定位是：在智能科学与技术研究的基础上，与理科、医科、工科、人文社科等交叉融合，开展诸如数字人文、智慧法治、科学智能（AI for Science）、智慧医疗（AI for Medicine）等交叉研究。

在2022年9月，"智能科学与技术"被国家新增为交叉门类的一级学科，标志着我国智能学科高等教育的发展进入了一个新的历史时期。智能学科需要多个其他学科的支撑，这里离不开心理学、哲学，当然也离不开计算机、数学等。同时，随着智能学科的发展，它会反过来反哺或支撑其他相关学科。将智能学科中的理论与技术应用于理科、医科、工科和人文社科等学科领域，或者与这些学科领域尤其是人文社科进行深度交叉融合，也是智能学科的研究内容。

10.1.2　智能学科是一门独立的学科吗？

智能学科是一门独立的学科吗？要弄清楚这个问题，首先需知道什么是学科。简单来讲，学科就是依据学问的性质来划分的科学门类。人们在认识自然、改造世界的过程中会需要同时也会创造、发明很多学问，把这些学问根据性质进行科学划分，就得到一系列学科。一门学科不是由一些知识随便地堆砌就可以形成的，它需要包含相对独立的知识体系、明确的科学问题和目标、完善的人才培养体系以及服务社会现实问题的功用等多个方面。

实际上，我们已经见识过很多学科，比如数学、物理学、化学等。那么，智能学科到底是不是一门独立的学科呢？从一门学科的发展演化来讲，最初人们对某些事物的认识比较粗浅，相应地，这些认知还不足以形成一门学科；随着认识的逐渐深入，相关理论、基础知识、基本概念、方法论等综合演化之后就可能发展成为一门学科。此外，对是否为学科的判断也涉及群体认知的问题，对于不同的地域、国家、群体，结论也可能不同。

基于以上的认知，我们认为智能学科已经兴起，它是一门具有多学科交叉特色的新兴学科，也是在传统的计算机、电子学等众多学科的基础之上发展而成的一门独立学科（图 10-2）。

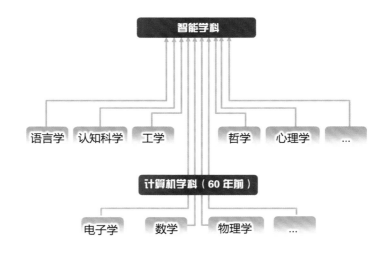

图 10-2　智能学科的兴起

10.1.3　智能与计算辨析

人们通常会将"智能"与"计算"混为一谈。智能和计算不同，是有本质区别的。为了说明这一点，我们先从表层直观感受一下智能与计算的区别。

图 10-3 中左边部分展示的是智能相关的人和物，包括小女孩、大脑、小猫、小狗、捕蝇草及智能机器人；右边部分给出的是和计算相关的设备，比如个人台式计算机、工作站、集群机以及大规模计算平台等。

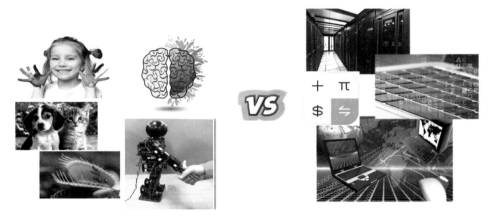

图 10-3　智能与计算

　　实际上，智能与计算的实现过程是不同的。计算的实现过程是：通过程序员所编制的计算机能够理解的语言（程序）在计算机系统上运行，实现由性能驱动的计算功能；而智能的实现过程是：通过行业用户的自然语言在智能系统的载体上运行，实现由价值驱动的各种复杂的行业任务（图 10-4）。

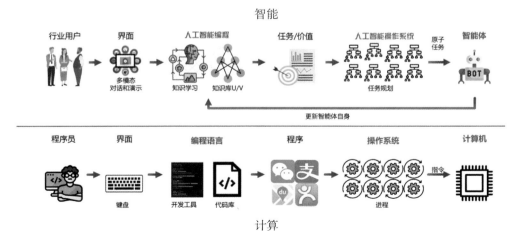

图 10-4　智能与计算的实现过程对比

可见，智能和计算主要有四个方面的区别：第一，载体不一样，计算的载体是计算机，智能的载体则是智能体。比如，人就是一个智能体，通过人工智能造出来的机器人也是一个智能体。第二，计算和智能实现过程中的各个环节也是完全不同的。比如，编程和操作系统都是不同的。第三，背后的驱动力不同，计算的驱动力来自性能，智能的驱动力则来自价值。比如，人的世界观就是一个价值，可以通过价值函数来刻画。第四，计算缺乏反馈和演化，智能则会通过不断迭代、学习、改进而不断演化，就像婴儿一样不断成长。

AI 10.2 人工智能在北大

10.2.1 北京大学智能学科发展历程

北京大学是全球智能学科的诞生地，是培养智能科学领军人才的摇篮，也是人工智能方面进行有组织的教育教学、科学研究和人才培养的探路者。

在智能学科建设方面，北京大学在 2002 年之前已有丰厚的积累，自 2002 年成立全球首个智能科学系以来，又有了长足的发展：2019 年，成立了北京大学人工智能研究院，该研究院现已含有 18 个研究中心。2021 年，在原智能科学系的基础上成立了智能学院。2022 年，北京大学智能学科入选了"双一流"建设学科，同年也获批建立跨媒体通用人工智能全国重点实验室。在 2020—2022 年期间，也开设了若干个实验班，致力于人工智能人才的培养。2023 年，北京大学获批建立国家人工智能产教融合创新平台、教育部人机共生国际联合实验室（图 10-5）。

北京大学智能学科经过多年发展，取得了丰硕的成果，尤其在指纹识别、人工耳蜗、国家空间基础设施、场景三维重建与自由视角视频生成等方面的研究成果达到了国际先进或领先水平。在 2014—2024 年 AI Rankings 全球 500 所知名高等学校的排名中，北京大学位居全国第一、全球第二（图 10-6）。

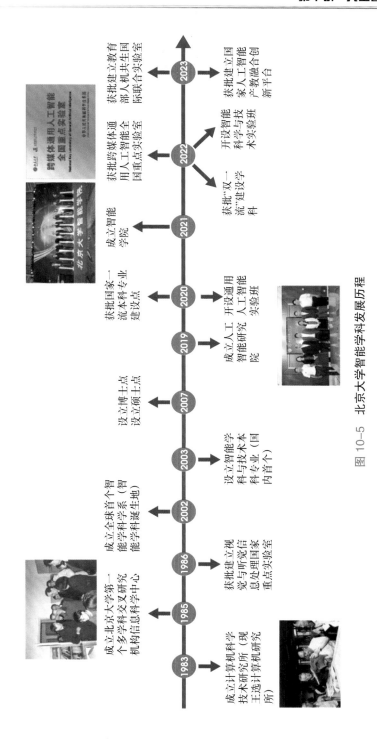

图 10-5　北京大学智能学科发展历程

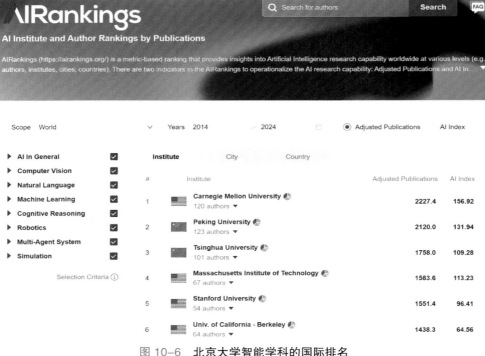

图 10-6　北京大学智能学科的国际排名

　　特别值得一提的是，2024 年 1 月，由北京通用人工智能研究院主导，北京大学智能学科共建单位参与研发的全球首个通用智能体——小女孩"通通"在"迈向通用人工智能前沿科技成果展"中正式亮相。同年 4 月，"通通"入选"2024 中关村论坛重大科技成果"。

　　目前，由北京大学武汉人工智能研究院主导，联合北京大学智能学科共建单位，正在通力打造全球首个大型社会模拟器：基于 U-V 平衡解的泛化理论，结合人工智能、大数据和虚拟现实等技术，开展社会有机体的仿真模拟，形成大规模城市运行模拟平台，模拟整个社会系统运行，以便更好地了解社会状态并预测发展趋势，检测公共政策和干预方案的系统性效果，服务科学智能决策，提高社会治理的智能化、科学化、精确化水平。

10.2.2　北京大学智能学科的"双一流"建设

　　北京大学智能学科属于"双一流"建设学科。

10.2.2.1　"双一流"建设

继"211 工程"和"985 工程"[2] 这两个国家级重大战略决策之后，"双一流"建设是又一个高等教育方面的国家重大战略决策。"双一流"就是指中国的世界一流大学和一流学科。2015 年，国务院印发了《统筹推进世界一流大学和一流学科建设总体方案》，2017 年经国务院批准，教育部、财政部、国家发展和改革委员会联合印发了《统筹推进世界一流大学和一流学科建设实施办法（暂行）》推进这一方案的实施。"双一流"建设目前已经经过了两轮：第一轮，在 2017 年公布了一些获批建设"双一流"的高等学校；第二轮，在2022 年公布了"双一流"建设高等学校名单，获批建设的高等学校共有147 所，涵盖了各个学科门类的高等学校。第二轮除了新增了一些获批建设的高等学校之外，还将北京大学和清华大学确定为自主建设的高等学校，即由这两所学校自主确立"双一流"建设的学科并自行公布，不参与国家的评估。

10.2.2.2　北京大学智能学科的"双一流"建设

·目标定位

北京大学智能学科"双一流"建设的目标定位包括如下六项建设任务：领军人才培养（育人）、基础理论突破（强基）、引领世界科技前沿（顶天）、服务国家重大需求（立地）、推动多学科融通（交叉）、打造高水平团队（聚才）。这里排在第一位的任务就是"领军人才培养"。对于一门学科的发展，教育教学、科学研究、人才培养都是至关重要的，特别是如今在人工智能方面，国家人才处于短缺局面，所以育人是最重要的。

·专业设置

在北京大学智能学科的"双一流"建设中，设置了两个学科专业：一个

2　"211 工程"，是指面向 21 世纪重点建设 100 所左右的高等学校和一批重点学科的建设工程。1995 年 11 月，经国务院批准，国家计委、国家教委和财政部联合下发了《"211 工程"总体建设规划》，"211 工程"正式启动。经过几轮建设，目前获批建设"211 工程"的高等学校总计 115 所。

"985 工程"，是指我国在世纪之交为建设具有世界先进水平的一流大学而做出的高等教育重大战略决策：教育部在实施《面向 21 世纪教育振兴行动计划》中重点支持北京大学、清华大学等部分高等学校创建世界一流大学和高水平大学。它以江泽民同志在北京大学 100 周年校庆时的讲话时间来命名。入选"985 工程"的高等学校，首批有 9 所，它们就是现在的"九校联盟"。之后经过增补，目前获批建设"985 工程"的高等学校共有 39 所。

是智能科学与技术，另一个是人工智能。智能科学与技术主要研究自然智能的形成与演化机理，以及人工智能实现的理论、方法、技术和应用，其主要研究方向包括计算机视觉、自然语言处理、多模态学习、机器学习、多智能体、认知推理、机器人学、可视模拟、类脑智能等。过去人工智能一直被看作计算机学科中的一个应用技术与工程领域。近年来，大数据、深度学习的快速发展与普及应用，促使人工智能成了一个赋能百业的技术。鉴于此，我们将人工智能专业设置为：利用智能科学与技术研究的成果，开展人工智能与理科、医科、工科及人文社科的交叉研究，其研究方向包括数字人文、智慧法治、科学智能、智慧医疗等。

·共建单位

北京大学智能学科的"双一流"建设有三个共建单位：一是智能学院，它是由全球首个智能科学系通过整合发展成的学院；二是王选计算机研究所；三是人工智能研究院。这三个共建单位的主要功能和任务是不同的，智能学院是智能学科"双一流"建设的主阵地，主要负责整合学科共建单位的力量和资源，形成智能学科的 11 个核心方向，统筹推进学科建设；王选计算机研究所重点围绕中文信息处理、多媒态信息处理、数字印刷、新闻出版等领域的关键核心技术，侧重从智能媒体的基础平台与研发应用的角度助力智能学科的"双一流"建设；而人工智能研究院主要负责统筹全校相关资源，构建全校"人工智能 + 文理医工的学科交叉平台"（目前建成 4 个研究所，18 个研究中心），协同推进智能学科的"双一流"建设，服务国家重大战略。智能学科是一门需要多学科支撑的新兴学科，也能够反哺和支撑其他众多学科，它需要和其他学科相互支撑、相互促进。智能学科要与其他学科实现联合共赢、交叉共赢，就需要一个平台，为此北京大学专门设立了一个直属的二级单位——人工智能研究院。北京大学智能学科的"双一流"建设还有一些延伸平台，主要包括北京通用人工智能研究院、北京大学武汉人工智能研究院等。

·人才培养体系的建立

北京大学智能学科"双一流"建设的一个重要特点，就是致力于打造国家人工智能的战略王牌军，培养"通识、通智、通用"复合型人工智能人才。

"通识"指的是打通人工智能与人文社科的交叉，如艺术、社会科学、法律等；"通智"指的是贯通人工智能多个核心领域，包括计算机视觉、自然语言处理、机器学习、认知推理、多智能体、机器人学等；"通用"指的是加强数理基础，注重工程实践。"通识"的目的在于给学生及他们以后开发的人工智能系统正确的价值观，"通智"的目的在于教授学生核心的人工智能理论与技术，而"通用"的目的是让学生掌握基本的科学与技术工具和思想方法，它们的目标都是培养出具有正确的价值观、既能动脑又能动手的世界级顶尖复合型通用人工智能人才。

2022 年，我们发布了基于"通识、通智、通用"人才培养理念的《通用人工智能人才培养体系》(该书已由北京大学出版社于 2024 年 1 月正式出版)，形成了全球首套本硕博贯通式通用人工智能人才培养体系（图 10-7）。

图 10-7　《通用人工智能人才培养体系》

智能学科是一门多学科交叉的新兴学科，其建设的首要任务是建立一套完整可行及有效的人才培养体系，其中最重要也最难实现的就是开设相应的课程，建立相配套的课程体系。这需要多学科支撑、雄厚师资支持。能够形成并践行这样的人才培养体系，主要依托于北京大学雄厚的师资、齐全的学科基础以及众多的合作单位和科研实践平台。

·品牌本科旗舰班

北京大学智能学科倾心打造了两个品牌的本科旗舰班：一个是强调文理大交叉的通用人工智能实验班（简称"通班"），另一个是强调理工交叉、注重数理基础的智能科学与技术实验班（简称"智班"），其中通班依托北京大学元培学院，授予人工智能学士学位；智班依托北京大学信息科学技术学院，授予智能科学与技术学士学位（图 10-8）。

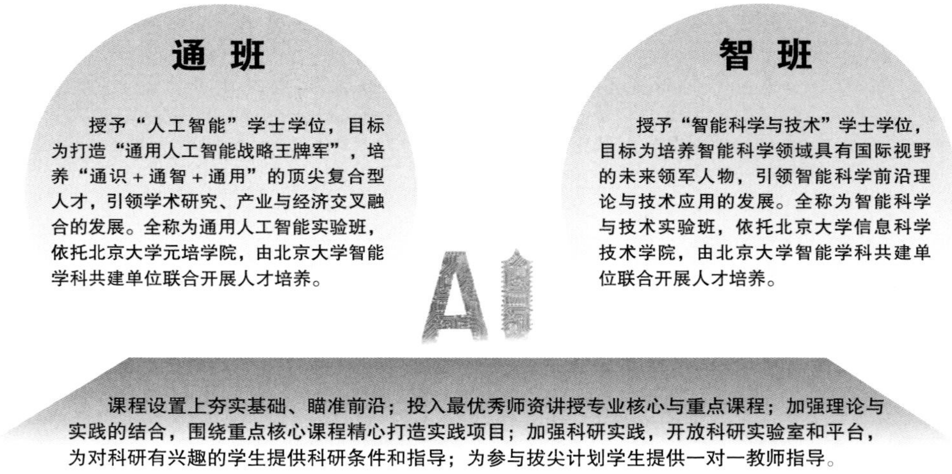

通 班

授予"人工智能"学士学位，目标为打造"通用人工智能战略王牌军"，培养"通识＋通智＋通用"的顶尖复合型人才，引领学术研究、产业与经济交叉融合的发展。全称为通用人工智能实验班，依托北京大学元培学院，由北京大学智能学科共建单位联合开展人才培养。

智 班

授予"智能科学与技术"学士学位，目标为培养智能科学领域具有国际视野的未来领军人物，引领智能科学前沿理论与技术应用的发展。全称为智能科学与技术实验班，依托北京大学信息科学技术学院，由北京大学智能学科共建单位联合开展人才培养。

课程设置上夯实基础、瞄准前沿；投入最优秀师资讲授专业核心与重点课程；加强理论与实践的结合，围绕重点核心课程精心打造实践项目；加强科研实践，开放科研实验室和平台，为对科研有兴趣的学生提供科研条件和指导；为参与拔尖计划学生提供一对一教师指导。

图 10-8　品牌本科旗舰班

·科研实践平台

北京大学智能学科聚焦通用人工智能研究，面向学术前沿，建设了高性能计算平台，打造了丰富多样的具身智能科研实践平台，为学生提供了一流的科研实践环境。图 10-9 展示了部分科研实践平台，这些平台涉及数据采集、环境感知、心理实验、GPU 算力、3D 打印、各类机器人硬件等方面。学生在科研实践中，基于这些平台可开展各类模型（如姿态估计模型、跨模态感知融合模型等）的学习训练、算法的仿真调优、心理学测试、自主设计机器人零部件的 3D 打印制作、实体机器人操作实验等科研实践活动。

人形机器人研究平台　　　　　　　仿生机器头研究平台

机械臂与灵巧手研究平台　　　　　多旋翼无人机研究平台

通用数据采集平台　　　仿真训练平台　　　高性能计算平台

跨模态感知平台　　　视听觉心理实验平台　　　认知机理实验平台

图 10-9　科研实践平台

10.2.3　我国是能培养出大师的

2018 年 10 月 31 日第十九届中共中央政治局就人工智能发展现状和趋势举行第九次集体学习。在主持学习时习近平总书记强调，人工智能是新一轮科技革命和产业变革的重要驱动力量，加快发展新一代人工智能是事关我国能否抓住新一轮科技革命和产业变革机遇的战略问题。要深刻认识加快发展新一代人工智能的重大意义，加强领导，做好规划，明确任务，夯实基础，促进其同经济社会发展深度融合，推动我国新一代人工智能健康发展。这是习总书记对我国智能学科发展的指示。这是习总书记对我国智能学科发展的指示。

秉持着习总书记的这一指示精神，北京大学智能学科人才培养以习总书记多次强调的"我国教育是能够培养出大师来的，我们要有这个自信！"为信念，致力于培养"通识、通智、通用"的复合型人工智能人才，其目标是达成率先突破（包括开创统一理论，率先实现通用智能体，实现通用人工智能的基本模块和通用人工智能操作系统编程语言，率先与多学科展开深度交叉，等等）。可预见的这些突破性目标都是学生学习、发展的重要契机。

北京大学整个智能学科的建设，有人工智能战略科学家领衔的雄厚师资力量，学科带头人是 2020 年归国的朱松纯教授。

2020 年以来又有一批新鲜"血液"注入，一起参与北京大学智能学科的"双一流"建设。现在北京大学智能学科师资团队中全职教员有 84 人，其中院士 1 人，讲席教授 1 人，教授和研究员 24 人，副教授和副研究员 20 人，助理教授和助理研究员 17 人，这些教员中包括 4 位长江学者，4 位国家杰出青年科学基金获得者，12 位优秀青年科学基金获得者、"青年千人计划"入选者或青年长江学者，3 位 IEEE 会士（图 10-10）。欢迎有志于人工智能发展的同学来北京大学和他们一起学习，一起成长。

图 10-10　北京大学智能学科师资团队

AI 10.3　选择智能学科的理由

我们认为选择智能学科的理由主要有两个：一个是智能学科还有很多奥秘等待大家来探索，另一个是目前国际形势的变化发展需要有一批人投身于智能学科的建设。

10.3.1　加盟智能学科，探索无尽奥秘

在当下人工智能发展中，人们取得了丰硕的成果，比如 2016 年机器人 AlphaGo 在围棋比赛中击败了韩国棋手、世界冠军李世石；在智能物流、智能汽车、智能机器人、蛋白质结构预测等方面取得了突破性进展。然而，这些成果还都是人工智能的初级应用，还有很多深奥的问题等着大家去探索。随着人工智能的发展，它将像水和电一样深入并深刻改变我们的生活。

人工智能初级应用取得的成功主要归功于强算力支撑下复杂模型的成功学习，特别是一些超复杂的巨大模型。例如，ChatGPT 的 GPT−3 语言模型，它是拥有 1750 亿个参数的巨大自回归语言模型。这个参数量已经超过了人脑的神经元个数。训练这样的模型需要超强的算力支撑，要耗费巨量的资金。

当前成功应用的智能系统往往表现为：在强算力支撑下，利用大数据实现对复杂大模型的训练。这种现象导致人们对人工智能形成种种狭隘的认知，比如：

- 人工智能 = 喂数据；
- 人工智能就是一种工程应用；
- 职业培训就可产出人工智能专业人才；
- ……

这些对人工智能的狭义认知可以归纳为如下人工智能研究模式：

$$人工智能 = 大数据 + 大算力 + 深度学习$$

取其英文首字母，简记为

$$A=B+C+D$$

这也是当前我国政商产学各界流行的人工智能研究模式（图 10−11）。

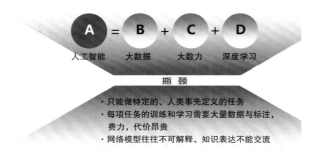

图 10−11　狭义认知下人工智能的研究模式

事实上，这种模式的人工智能研究正面临巨大的瓶颈（图10-11）。在这种模式下，智能系统所做的任务都是特定的人类事先定义的任务，而我们现实生活中有大量的事情是不能事先定义的；每项任务的训练和学习需要大量的数据与标注，费时费力，代价昂贵；深度学习的网络模型往往都是不可解释的，表达的知识无法沟通交流，比如医用的一些智能系统，可以做癌症照片的判断，相比于一些普通专家往往具有更好的诊断效果，但是医生不清楚诊断是怎么做出来的，智能系统与人没法交流，不解释结果，这在具体使用的时候就会出现很多问题。

　　在上述人工智能研究背景下，当前人工智能研究存在两种范式的争论：鹦鹉范式和乌鸦范式。鹦鹉范式的特点就是"大数据小任务"，即需要大量数据来学习，但是执行的是小任务；乌鸦范式则是"小数据大任务"，即需要小量数据进行学习，但是执行的则是大任务（图10-12）。

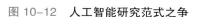

大数据小任务
· 需要大量数据来重复训练
· 不能对应现实的因果逻辑

鹦鹉学舌虽模拟人话，
但并不解话意，属于
低级的智能

小数据大任务
· 自主的智能：感知、认知、推理、学习、执行
· 不依赖于大数据：小数据、无标注、无监督

乌鸦喝水虽看似简单，却自主，
隐含有推理，属于高级的智能

图 10-12　人工智能研究范式之争

　　我们知道，鹦鹉通过大量的训练才能够说话，但是它不解话意，不知道自己说的是什么，所以鹦鹉的智能属于低级智能；而乌鸦非常聪明，拥有常识和认知，乌鸦喝水看似简单，其中却隐含有自主、推理，所以乌鸦的智能属于一种高级智能。这也正是鹦鹉范式和乌鸦范式名称的由来。

　　乌鸦的智能与人类的智能类似，这种高级智能正是人工智能研究所要追寻的。实现拥有社会常识和自然常识，能够自主训练和学习的人工智能体，也正是人工智能未来发展的目标。这一目标极具挑战性，同时蕴含着无尽的奥妙（不只是一些工程应用和参数调整，还包括了人文、艺术、伦理、道德等方面的考量），我们等待大家的加盟学习和共同探索。

10.3.2　投身智能学科，时势之需

智能学科的诞生是近几十年的事情，2022 年北京大学召开了智能学科建设 20 周年大会，发布了《通用人工智能人才培养体系》。加盟北京大学智能学科，通过系列学习，都将有机会成为科班出身的人工智能专家。

人类社会正在迈入智能时代。时势发展，北京大学智能学科的愿景是"为机器立心，为人文赋理"，制造出由价值驱动的智能体。一个数字化的虚拟智能体，如何通过价值去驱动它？它必须符合我们人类的世界观、价值观和人生观，比如要符合人类的情感、伦理与道德观念，这些都是要探索的问题。

智能科学与技术，特别是目前已深入推进的通用人工智能，已经是各国竞争的制高点。2023 年 4 月 28 日，中共中央政治局会议指出，要重视通用人工智能发展，营造创新生态，重视防范风险。从战略层面上来讲，未来 10 年至 20 年智能学科核心方向和核心科学问题的攻坚，是大国竞争的前沿和焦点。而在当前强调科技自立自强的形势下，人工智能正在从针对弱人工智能的研究迈向通用人工智能的探索，智能体系统也从注重感知性能向强调认知能力过渡。

世界科学中心从最开始形成到现在历经多次转移。工业时代，世界科学中心主要在欧洲的意大利、英国、法国、德国；到了信息时代，世界科学中心转移到了美国。现在迈入了智能时代，我们希望通过发展通用人工智能，实现世界科学中心向中国的转移。这是一个宏大的目标，我们是有实现这一目标的基础条件的。我们也呼吁大家加盟、投身智能学科，为这个学科、为我们国家贡献自己的一份力量。

 思考题 ≫

1. 下面对智能学科的表述中不正确的是（　　　）。

A. 智能学科是一门以多学科交叉为特色的新兴学科

B. 智能科学与技术于 2022 年 9 月被国家新增为一级学科

C. 智能学科不是一门独立的学科，是隶属于其他学科的分支

D. 智能学科将实现与理科、医科、工科，特别是人文社科的深度交叉融合

2. 北京大学成立专门机构，开启针对"智能"的学科建设，系统地开展这方面的教育教学、科学研究、人才培养是在（　　　　）。

A. 1985 年　　　　B. 2000 年　　　　C. 2002 年　　　　D. 2010 年

3. 关于智能系统与计算系统，下面表述中不正确的是（　　　　）。

A. 智能系统面向普通行业用户，而计算系统则面向专业程序员

B. 智能系统由价值驱动，而计算系统主要由性能驱动

C. 智能系统不需要编程实现，而计算系统需要编程实现

D. 计算系统一经产出就固定不变，只能执行特定功能，而智能系统则可通过自身不断迭代进行可发展式的演化

4. 下面关于人工智能的认知中正确的一项是（　　　　）。

A. 人工智能研究包含的全部内容是设计好模型、架构好系统、准备好强大算力资源，然后通过"喂数据"来训练好模型，进而投入实际应用

B. 人工智能有力地支撑着各行各业，但并无理论科学问题，仅是一种工程应用

C. 只要熟悉相关软件，就可以通过训练得到高性能的人工智能系统，因此职业培训就可产出人工智能专业人才

D. 人工智能含有无尽的奥秘亟待探索，有大量极具挑战的未决科学问题

5. 关于智能范式的分析，下面表述中不正确的一项是（　　　　）。

A. 需要海量标注数据的支撑以训练智能系统，可称为"大数据智能"，往往费时耗力

B. 智能系统的模型过于复杂，需要巨大的计算资源来支撑系统的学习，

可称为"强算力智能"，往往需要昂贵的超强算力开支

C. 尽管超大模型训练昂贵，数据准备耗时费力，但相应智能系统属于高级智能

D. 常识获取是智能学科的一大挑战，因此拥有常识、能自主学习和推理的智能体的智能一般属于高级智能

6. 关于智能学科，以下表述中不正确的一项是（　　　）。

A. 智能学科是一门多学科交叉的学科（交叉学科），指的是智能学科的建设发展必须得到诸多相关学科的支撑

B. 智能学科天然地与众多学科形成交叉，来反哺或支撑这些学科的发展，形成互利共赢的局面（学科交叉）

C. 为机器构建价值系统，"为机器立心"，需要设计复杂的价值函数，是不需要学科交叉的、智能学科自身内部的核心研究课题

D. 智能学科与人文社科的交叉，是跨度最大而又非常重要且必要的学科交叉

7. 结合自己的兴趣志向和擅长的方面，你觉得你有多大可能性将来投身智能学科的学习，并为其发展、建设做出自己的贡献？

8. 根据统计，在就业岗位排行榜上，人工智能多年来一直霸榜。你认为有哪些可能原因？